FERRET · 1972

COURS ÉLÉMENTAIRE

de

COSMOGRAPHIE

à l'usage

de tous les établissements d'instruction secondaire

et de l'enseignement spécial,

PAR

G. BOVIER LAPIERRE,

Professeur de Mathématiques
au Lycée Impérial de Tournon.

━━━━━━━━━━━━━━━━

TOURNON,

CHEZ **VIALETTE**, LIBRAIRE.

1865.

Lith. J. Parron, Tournon

COURS ÉLÉMENTAIRE

de

COSMOGRAPHIE

à l'usage

de tous les établissements d'instruction secondaire

et de l'enseignement spécial,

PAR

G. BOVIER LAPIERRE,

Professeur de Mathématiques
au Lycée Impérial de Tournon.

———— · ⚬ · ————

TOURNON,

CHEZ **VIALETTE**, LIBRAIRE.

1865.

Lith. J Parnin, Tournon

Ouvrages du même auteur :

L' Arithmétique simplifiée,
à l'usage des écoles primaires.
Cours de géométrie élémentaire,
conforme aux programmes des lycées.
Traité élémentaire des approximations
numériques,
à l'usage des candidats au baccalauréat ès sciences et aux
écoles spéciales.
Traité de trigonométrie rectiligne.
Ce traité est divisé en deux parties. La 1re est consacrée à la
résolution des triangles ; la 2e renferme tout ce qui est nécessaire pour
compléter le cours des programmes.

Cosmographie

Chapitre I.
Mouvement diurne.

§ I. Mouvement diurne. — Pôles. — Étoiles. — Planètes.

1. Tout le monde connaît ce qu'on entend par le lever et le coucher du soleil, et quelles sont les parties du ciel nommées levant et couchant. Lorsque le soleil a disparu, la nuit arrive peu à peu, et si l'air est sans nuages, les étoiles que la lumière beaucoup plus vive du soleil nous empêchait d'apercevoir se montrent successivement. Nous les distinguerions pendant le jour, si nous étions dans une position telle que les rayons du soleil ne pussent parvenir à nos yeux en même temps que ceux des étoiles. C'est ce qui a lieu pour un homme qui est dans un puits un peu profond, car dans nos pays le soleil ne passe jamais directement au-dessus de notre tête. On peut les voir encore en les regardant par le tuyau d'une lunette, pourvu que le soleil ne soit pas trop voisin de la partie du ciel située dans la direction de l'instrument.

En observant le ciel on remarque bientôt que les astres ne restent pas immobiles dans les points où ils se sont montrés. Celui qu'on voyait par exemple d'une fenêtre en ligne droite avec le sommet d'un clocher, s'avance du côté du couchant, avec assez de rapidité pour qu'au bout de quelques minutes ce déplacement soit très-sensible. Il en est de même des autres astres. Ceux qui paraissaient très-près de la terre du côté du levant, montent dans le ciel et redescendent du côté opposé où ils disparaissent. Ils sont suivis par d'autres astres qui se montrent du même côté que les précédents et suivent la même route, et après qu'ils se sont couchés, on les voit de nouveau comme le soleil, au bout d'un jour et d'une nuit, au même point du ciel où on les avait vus la veille.

Tout en effectuant ce mouvement commun, les étoiles conservent les mêmes positions les unes par rapport aux autres. La distance qu'il y a entre elles ne varie pas ; les figures que forment leurs divers groupes et qu'on nomme constellations n'éprouvent pas de changement. De plus quoique ces astres soient probablement à des distances diverses, ils produisent à notre vue le même effet que s'ils étaient attachés à la surface intérieure d'une immense voûte sphérique dont nous occuperions le centre. Il semble que cette sphère tourne autour d'une ligne droite qui passerait par notre œil. Ce mouvement commun à tous les astres s'appelle mouvement diurne. En étudiant ses apparences, on raisonne comme si cette sphère imaginaire existait réellement : c'est la sphère céleste. On nomme axe la ligne droite autour de laquelle elle semble accomplir sa révolution. Les deux points où cette ligne va rencontrer la sphère céleste sont les deux pôles.

2. La distance qui sépare deux étoiles ne peut pas être évaluée en heures ou en kilomètres. Elle se mesure par l'écartement plus ou moins grand des deux lignes droites qui menées de l'œil aboutiraient aux deux étoiles, en d'autres termes par l'angle que forment ces deux droites. Envisagée à ce point de vue, cette distance est appelée distance angulaire. Sa grandeur est exprimée par le nombre de degrés que contient l'arc de circonférence ayant pour centre le sommet de l'angle et décrit entre ses côtés. Un graphomètre suffirait pour mesurer la distance angulaire si l'on n'avait pas besoin d'une grande précision. Les anciens astronomes n'avaient pas de meilleurs instruments à leur disposition.

3. Si une étoile occupait le pôle, elle ne se déplacerait pas comme les autres et resterait immobile en ce point. Or il y en a une assez brillante qu'on aperçoit toujours à la même place dans le ciel, à toute époque et à toute heure de la nuit, c'est-à-dire que si d'un lieu on la voit un soir sur le prolongement d'une ligne passant par exemple par l'angle d'un toit et le sommet d'un clocher, on la retrouve toujours de chez en dans la direction de cette ligne. Son déplacement est si faible qu'il est insensible à l'œil nu. Elle est donc très-voisine du pôle, et pour cela on la nomme Étoile polaire.

Il est très-facile de la reconnaître. On a recours à une constellation qui reste visible pendant toute la nuit, et qui se trouve dans la partie du ciel opposée à celle où est le soleil à midi. Cette constellation appelée Grande-Ourse se compose de sept étoiles (Fig. 1) dont les quatre premières forment une espèce

Fig. 1

de carré et les trois autres une ligne courbe qui est regardée comme la queue de l'Ourse. C'est celle qui est aussi désignée par le nom de Chariot de David.

Si l'on imagine une ligne droite par les deux étoiles β, α qui terminent la constellation du côté du carré, et qu'on la prolonge en dehors de la courbure de la queue d'une longueur à peu près égale à la distance qui sépare la 1re α de la dernière η, elle rencontre l'étoile polaire P qui brille comme celles de la Grande-Ourse, tandis que celles qui l'avoisinent sont beaucoup plus petites.

L'étoile polaire est elle-même à l'extrémité d'une constellation semblable à la Gr. Ourse, mais disposée en sens inverse, et formée d'étoiles d'un plus faible éclat : c'est la Petite Ourse. On la distingue très-bien lorsque la lune n'est pas encore levée.

Le pôle indiqué par l'étoile polaire s'appelle pôle nord, pôle boréal, pôle arctique. Le pôle opposé que nous ne pouvons apercevoir parce qu'il est au-dessous de la terre, s'appelle pôle sud, pôle austral, pôle antarctique. Pour voir ce dernier pôle il faudrait aller dans les parties de la terre opposées à celle que nous habitons.

L'étoile polaire se montre à la même hauteur dans le ciel pour ceux qui la voient de lieux situés sur une quelconque des lignes qui sur les cartes géographiques vont de gauche à droite, par exemple de Valence et de Bordeaux. Mais à Lyon elle paraît plus élevée qu'à Marseille, à Paris plus élevée qu'à Marseille et à Lyon, et de plus en plus à mesure qu'on s'avance en regardant l'étoile, dans le sens des lignes qui traversent la carte de bas en haut.

4. Nous pouvons maintenant nous représenter nettement la direction de l'axe du monde par une immense droite qui partant de l'étoile polaire viendrait passer par notre œil, quel que soit le lieu que nous occupions à la surface de la terre. C'est toujours l'œil de l'observateur qui est le centre de la sphère céleste.

Une objection se présente ici. Il semble qu'il doive y avoir une infinité d'axes aboutissant tous à l'étoile polaire et passant par les divers lieux de la terre. Mais comme les étoiles présentent partout le même aspect, que partout on les voit former les mêmes figures entre elles, il faut admettre que la distance qui sépare deux points de la terre même très-éloignés l'un de l'autre n'est rien en comparaison de la distance à laquelle les étoiles sont placées, et qu'il est par conséquent indifférent de les regarder d'un lieu ou d'un autre, d'où il résulte que tous ces axes se confondent en un seul passant toujours par l'œil de l'observateur.

Si la distance des étoiles à la terre n'était pas immense, les constellations varieraient de forme d'un lieu à l'autre, et la distance qui sépare deux étoiles ne paraîtrait pas invariable. Un exemple éclaircira ce point qu'il importe de bien comprendre. Observons la figure que forment sur un coteau éloigné certains objets très-apparents, par exemple un arbre, un clocher et une maison : il arrivera deux choses à mesure que nous changerons de place.

Si nous avançons en nous dirigeant de ce côté, le triangle marqué par ces trois points conservera à peu près la même forme; mais les distances qui séparent les trois points sembleront grandir; Au contraire elles sembleront diminuer si nous nous éloignons. De plus si nous marchons dans une direction différente, la figure variera bientôt dans sa forme, et l'arbre et le clocher pourront se trouver en ligne droite ou à peu près avec le lieu où nous serons arrivés, de sorte qu'en cet endroit le triangle présente un aspect tout autre que celui qu'il avait dans le premier lieu. Ces variations sont d'autant plus faibles que les objets sont plus éloignés. Puisqu'il est impossible d'observer le moindre changement dans l'aspect des constellations lorsqu'on les observe en France ou en Amérique, on peut en conclure que l'étendue de la terre est infiniment petite par rapport à la distance des étoiles, en d'autres termes que la terre n'est qu'un point dans l'espace.

5. Il y a cependant quelques astres dont la position varie peu à peu au milieu des autres. On les appelle planètes, d'un mot grec qui signifie errer. Elles errent en effet pour ainsi dire à travers le ciel, tandis que les étoiles sont fixes les unes par rapport aux autres. Cinq de ces planètes sont visibles à l'œil nu; elles portent les noms suivants: Mercure; Vénus; Mars; Jupiter; Saturne.

Elles brillent comme les plus belles étoiles, toutefois d'une lumière moins vive, comme celle de la lune, tandis que les étoiles semblent à chaque instant lancer des étincelles: c'est ce qu'on nomme scintillation. Il faut ajouter qu'on ne voit Mercure que rarement, parce qu'il est toujours dans le voisinage du soleil.

Une 6e Uranus ne se montre que comme la plus petite des étoiles; la 7e Neptune ne peut être vue qu'avec de bons instruments.

La plus remarquable de ces sept planètes est Vénus qui paraît le soir après le coucher du soleil pendant plusieurs mois ; c'est celle qu'on appelle vulgairement Étoile du berger. On cesse ensuite de la voir le soir pendant presque le même temps ; elle n'est alors visible que le matin avant le lever du soleil.

Les planètes ne se distinguent pas seulement des étoiles par leur déplacement dans le ciel et une moins grande intensité lumineuse. En les regardant avec de fortes lunettes on les voit grossies très-sensiblement, tandis que les étoiles n'apparaissent jamais que comme des points lumineux. Cela nous apprend que les planètes ne sont pas situées à des distances aussi grandes que les étoiles. Il en est de même de la lune et du soleil, et comme c'est la lune qui éprouve le plus fort grossissement, on peut déjà dire que la lune est de tous les astres celui qui est le moins éloigné de nous.

6. Avec un peu d'attention on remarque entre la lumière du soleil et celle de la lune une différence analogue à celle qui distingue l'éclat de la flamme d'une lampe et celui d'une surface blanche qui en est éclairée à quelque distance. Il est donc probable que la lune ne brille que de la lumière qu'elle reçoit du soleil. Cette opinion est en effet confirmée par les phases de la lune et par les éclipses de lune, comme on le verra plus loin.

Les planètes sont dans le même cas que la lune ; elles reçoivent du soleil la lumière qu'elles nous envoient. Quant aux étoiles, on peut les regarder comme autant de soleils lumineux par eux-mêmes, et qu'un immense éloignement fait seul paraître si petits.

§ II. Horizon. — Hauteur des astres. — Méridien. Points cardinaux.

7. La partie de la surface de la terre qui s'étend tout autour

d'un homme jusqu'aux points les plus éloignés que sa vue puisse atteindre s'appelle horizon. Elle se termine par une ligne qui est plus ou moins irrégulière suivant la forme plus ou moins accidentée du sol, et qui sépare la partie visible du ciel de celle qui est invisible. Dans une vaste plaine cette ligne a une apparence à peu près circulaire; sur la mer on la voit se dessiner comme une immense circonférence. La surface de l'eau comprise dans cette circonférence peut être regardée comme plane si elle est peu étendue. Tel serait l'aspect de la mer pour un baigneur immobile qui n'aurait que la tête hors de l'eau. La surface de l'eau tranquille est appelée surface horizontale. Elle est perpendiculaire à la ligne marquée par un fil-à-plomb: cette ligne est nommée *verticale*.

8. D'après ce qui a été dit sur la distance angulaire de deux astres (2), on comprend que l'élévation d'une étoile dans le ciel doit être mesurée de la même manière, par un arc de circonférence mené de l'étoile au point de l'horizon où tomberait le rayon visuel aboutissant à l'étoile s'il s'abaissait le long d'un fil-à-plomb. Dans ce cas on ne pourrait prendre la ligne de l'horizon qui sépare la partie visible du ciel de la partie invisible; car ses irrégularités rendraient cet arc plus ou moins étendu suivant le lieu de l'observation. Il est nécessaire de compter cette hauteur à partir d'un horizon semblable à celui de la mer.

Pour cela on imagine une surface plane perpendiculaire au fil-à-plomb à la hauteur de l'œil et s'étendant indéfiniment tout autour de l'observateur. C'est là le véritable horizon considéré par les astronomes; on le désigne par le nom d'horizon astronomique ou rationnel, tandis que le précédent est l'horizon sensible. Dans tout ce qui suit le mot horizon indiquera toujours l'horizon astronomique, à moins qu'on ne dise le contraire.

Il est indifférent que le point où l'observateur fait passer cet horizon soit plus ou moins élevé, qu'il soit par exemple au sommet d'une montagne ou dans la plaine ; car une hauteur même de plusieurs kilomètres doit être regardée comme nulle, quand il s'agit d'observer les étoiles.

Il est utile de se représenter l'horizon par la surface d'une table qu'on établit horizontalement au moyen d'un petit instrument nommé niveau à bulle d'air, et traversée par un immense fil-à-plomb qui s'étendrait jusqu'à la sphère céleste. L'œil doit toujours être appliqué au pied du fil-à-plomb sur la table. Le point où la ligne verticale du fil-à-plomb rencontre la sphère céleste s'appelle zénith. Ce point est situé directement au-dessus de la tête de l'observateur. La distance d'un astre au zénith est sa distance zénithale : c'est l'arc de circonférence mené du zénith à l'astre et ayant pour centre l'œil de l'observateur.

9. Au moyen de l'horizon et de sa verticale, nous pouvons étudier maintenant le mouvement diurne dont nous n'avons pris jusqu'ici qu'une idée générale.

Considérons une table horizontale à laquelle est fixée une tige verticale assez fine, comme une aiguille de bas. L'ombre de la tige, quand elle est exposée aux rayons du soleil, varie en longueur et en direction aux divers instants du jour. Au lever du soleil elle s'étend indéfiniment ; puis à mesure que le soleil s'élève dans le ciel elle se raccourcit jusqu'à un certain moment à partir duquel elle va au contraire en augmentant. Enfin au coucher du soleil elle est indéfiniment grande comme au lever.

Soit xx la table horizontale et DI la tige verticale. L'extrémité A de l'ombre DA est en quelque sorte dessinée sur la table par le pied d'une immense ligne droite AIS (Fig 2) qui s'appuyant sur le sommet de la tige suivrait le soleil dans sa marche. Quand le soleil en s'élevant de l'horizon se rapproche du zénith Z le point A se rapproche aussi

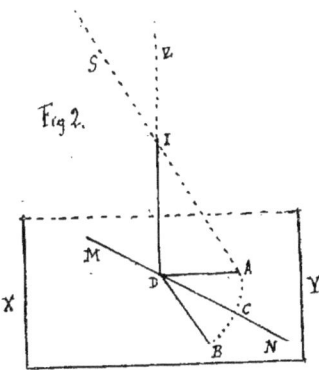

Fig 2.

du pied D dela tige, pendant quela ligne d'ombre DA pivote elle-même autour du même point D, et il n'y aurait plus d'ombre si le soleil atteignait le zénith ; mais cela n'arrive jamais dans nos climats. Or l'angle DAI formé à un certain moment par la ligne d'ombre DA avec avec un fil qu'on tendrait du point A au point I mesure à cet instant la hauteur du soleil au-dessus de l'horizon, et l'angle SIZ ou ce qui est la même chose, l'angle AID représente sa distance au zénith. Au reste quand on connaît le premier de ces deux angles, il est facile de calculer le second et réciproquement. Car l'arc décrit du zénith à l'horizon étant le quart de la circonférence de la sphère céleste, il suffit de retrancher de 90° le nombre de degrés de l'arc qui mesure la hauteur du soleil pour avoir sa distance zénithale.

Aux deux moments de la journée où la ligne d'ombre a eu la même longueur, le soleil était évidemment à la même hauteur au-dessus de l'horizon, et il arrive à sa plus grande hauteur quand la ligne d'ombre est réduite à sa longueur minimum. Pour trouver la direction de cette ligne minimum, il faut remarquer que deux lignes d'ombre égales doivent occuper la même position des deux côtés de cette ligne minimum, c'est-à-dire que cette ligne doit partager en deux parties égales l'angle formé par les deux ombres égales. D'après cela on décrit sur la table avec un rayon quelconque une circonférence en prenant le point D pour centre. On trace la direction DB de l'ombre au moment où son extrémité se trouve avant midi sur cette circonférence ; après midi on saisit le moment où cette extrémité revient sur la circonférence, et l'on trace la direction DA de l'ombre. On tire ensuite la droite MN par le milieu C de l'arc BA : cette droite est la direction de l'ombre minimum.

L'ombre ne se termine jamais d'une manière parfaitement nette ; il y a toujours autour d'elle un très-petit espace dans lequel elle diminue graduellement jusqu'à la lumière : c'est ce qu'on appelle la pénombre. Cela empêche de distinguer facilement le point précis où l'ombre se termine. Pour remédier à cet inconvénient, on termine la tige par une petite plaque à peu près perpendiculaire à la direction des rayons solaires à midi, et percée d'un petit trou qui se trouve exactement sur le prolongement de la tige. De cette manière il se forme dans l'extrémité de l'ombre un point lumineux qui est très-net : c'est la distance de ce point au pied de la tige qu'on prend pour la longueur de l'ombre.

Cet appareil si simple composé d'une surface horizontale muni d'une tige verticale s'appelle *gnomon*, la tige est le *style*.

10. L'ombre minimum observée chaque jour garde constamment la même direction pendant toute l'année ; mais sa longueur varie d'un jour à l'autre. Dans nos pays elle va en augmentant depuis le 21 juin jusqu'au 22 décembre. C'est donc à la première de ces deux époques que le soleil est à midi le plus près du zénith, et à la seconde qu'il en est le plus éloigné.

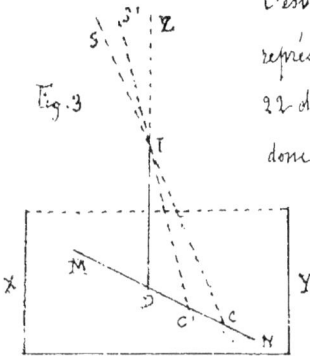

Fig.3

C'est ce que montre la Fig.3 dans laquelle DC représente la longueur de l'ombre à midi le jour du 22 décembre, et DC' celle qu'elle a le 21 juin. C'est donc au mois de juin que les rayons solaires tombent le moins obliquement sur la portion de la terre que nous habitons. Il est important de remarquer cette différence ; car c'est là une des causes des variations de température qui se produisent dans le courant de l'année.

11. La direction de l'ombre la plus courte du jour étant ainsi déterminée, plaçons le long de cette ligne sur la surface horizontale

une plaque mince bien plane dans une position verticale, ce qu'on obtient facilement; car il suffit de l'appuyer contre la tige verticale. Il y aura un moment de la journée où l'ombre de la plaque se réduira à une simple ligne droite, et cette ligne est précisément celle de l'ombre minimum, de sorte qu'à cet instant l'ombre est la même que si la plaque n'existait pas. C'est qu'alors le plan de cette plaque prolongé irait rencontrer le soleil. Or si l'on observe au moyen d'une bonne pendule le moment où le soleil traverse ce plan, c'est-à-dire celui où l'ombre de la plaque se réduit à celle de la tige, on trouve que ce moment divise en deux parties égales le temps qui s'écoule depuis le lever du soleil jusqu'à son coucher. Ce moment est donc le milieu du jour, en latin meridies, et chez nous midi. Ce plan divise aussi en deux parties égales l'arc décrit par chaque étoile depuis son lever jusqu'à son coucher. On l'appelle méridien, et la ligne MN est nommée méridienne. Cette ligne est l'intersection de l'horizon par le méridien.

On peut aussi trouver la direction de la méridienne par l'observation des étoiles. Pour cela on applique l'œil au pied de la tige, et on trace sur la surface horizontale la direction dans laquelle on a vu se lever une étoile et celle dans laquelle on l'a vue se coucher. On partage ensuite l'angle de ces deux directions en deux parties égales par une ligne droite. Cette droite est toujours celle de l'ombre minimum du soleil quelle que soit l'étoile observée.

Le point où un astre traverse le méridien est le passage au méridien ou simplement le passage. Les étoiles qui sont dans le voisinage du pôle, par exemple celles de la Gr. Ourse restant toujours au-dessus de notre horizon traversent deux fois le méridien dans l'intervalle d'un jour et d'une nuit. Elles ont donc deux passages; celui qui est le plus élevé est le passage supérieur, et l'autre est le passage inférieur. On observe que le temps qui sépare deux passages consécutifs est constamment le même.

12. Le prolongement de la méridienne détermine sur la circonférence de l'horizon deux points remarquables. Celui qui est du côté de l'étoile polaire est appelé nord ou Septentrion ; le point opposé est le Sud ou le Midi. Le diamètre de l'horizon qui est perpendiculaire à la méridienne aboutit à deux autres points qui avec les deux premiers divisent la circonférence de l'horizon en quatre parties égales. Celui qu'on a à sa droite en regardant le nord s'appelle Est, Orient ou Levant ; l'autre s'appelle Ouest, Occident ou Couchant. Ce sont les quatre points cardinaux.

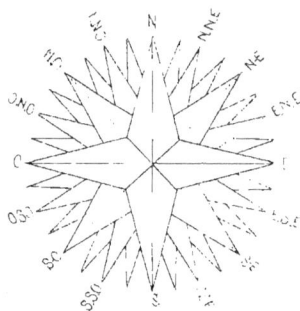
Fig. 4.

Les milieux de ces quatre parties de l'horizon sont quatre autres points dont les noms sont formés de ceux des deux points cardinaux entre lesquels ils sont placés, par exemple le Nord-Est est celui qui est entre le nord et l'est. Ces huit points indiquent autant de directions différentes sur l'horizon autour de l'observateur.

Les marins ayant besoin de déterminer d'une manière plus précise la direction dans laquelle souffle le vent divisent la circonférence de l'horizon en 32 parties égales. La figure sur laquelle sont marquées ces diverses directions est appelée par eux Rose des vents (Fig. 4).

13. Il est très important de pouvoir reconnaître les quatre points cardinaux dans le lieu où l'on se trouve c'est ce qu'on appelle orienter. Il suffit pour cela de savoir reconnaître la direction de la méridienne. Nous avons déjà vu qu'on peut l'obtenir 1° par l'ombre minimum du soleil, 2° par la bissectrice de l'angle que font deux droites horizontales menées d'un même point au lever et au coucher d'une même étoile.

Quoique le point cardinal est s'appelle levant, on commettrait une grave erreur, si l'on prenait pour l'est le point où le soleil se lève un jour quelconque. Il est facile en effet de voir que ce point varie continuellement. Du 21 juin ce point s'avance chaque jour vers le sud jusqu'au 22 décembre; à partir de ce moment il remonte au contraire vers le nord jusqu'au 21 juin et ainsi de suite; ce n'est qu'au 21 mars et au 22 septembre qu'il se lève à l'est. Le 21 juin et le 22 décembre il est éloigné de ce point d'environ $23°\frac{1}{2}$.

On parvient aussi à déterminer la méridienne au moyen de l'étoile polaire. En effet le méridien divise en deux parties égales non seulement les arcs décrits par le soleil et les étoiles depuis leur lever jusqu'à leur coucher, mais encore la ligne courbe décrite en un jour et une nuit par les étoiles qui ne descendent pas au-dessous de l'horizon. Il passe donc par les deux pôles et par conséquent par l'axe du monde. De plus il ne faut pas oublier qu'il est vertical. On suspend un fil à plomb à un point quelconque; puis on se place en arrière à quelque distance, en tenant à la main un autre fil à plomb, de manière qu'en visant avec un œil on voie les deux fils confondus en un seul sur l'étoile polaire. Les deux points du sol marqués par l'extrémité inférieure des deux fils sont deux points de la méridienne cherchée.

Cette méthode n'est pas rigoureusement exacte, parce que l'étoile polaire n'est pas au pôle même. Cependant l'erreur qui en résulte peut être négligée dans les applications ordinaires.

Un quatrième moyen plus expéditif consiste dans l'emploi de la boussole. Elle se compose d'une aiguille d'acier aimantée, reposant en son milieu sur la pointe d'un pivot autour duquel elle peut tourner librement. Cette aiguille est toujours dirigée vers un point voisin du nord et dont la position varie un peu avec le temps. Actuellement il est à $19°$ du nord du côté de l'ouest. Cet angle formé par la direction de l'aiguille aimantée avec la méridienne est appelé déclinaison. Pour s'orienter on place la boussole

16

sur un support éloigné de toute pièce de fer, car ce métal a la propriété
d'attirer l'aiguille aimantée. Quand elle est immobile, on prend pour la
méridienne le diamètre qui aboutit à 19° de la pointe nord de l'aiguille
du côté de l'est. Ces degrés sont marqués sur une circonférence au centre de
laquelle l'aiguille est suspendue.

§ III. Hauteur du pôle. — Instruments d'observation. — Lois du mouvement diurne.
Temps sidéral ; temps solaire.

14. Nous avons dit que l'étoile polaire n'est pas exactement au pôle ;
nous allons montrer maintenant comment on peut reconnaître la vraie
position de ce point.

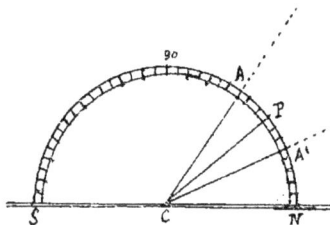

Pour cela imaginons un demi-cercle de cuivre gradué, fixé (Fig. 5)
verticalement le long de la méridienne NS qui est tracée sur une surface
horizontale : ce demi-cercle représente le
méridien. Tourné du côté du nord, et l'œil
au centre C, on observe une étoile voisine
de l'étoile polaire, par exemple une de la
Gr. Ourse, à son passage supérieur A et à
son passage inférieur A', et on mène la
droite CP qui divise en deux parties égales
l'angle ACA' : cette droite est toujours la même, quelle que soit l'étoile
observée. C'est l'axe du monde. Il ne reste donc plus qu'à lire sur le
demi-cercle le nombre de degrés de l'arc PN pour avoir la hauteur du
pôle au-dessus de l'horizon du lieu.

La détermination de la hauteur du pôle étant d'une très grande
importance, les astronomes procèdent avec beaucoup plus de précautions. D'abord ils visent l'étoile à ses deux passages au moyen d'une
lunette tournant autour du centre du cercle et établie de telle sorte

Fig. 5

que la ligne de visée dérive le méridion. Ensuite au lieu de mesurer l'arc qui va du point à l'horizon, ils prennent de préférence les arcs AZ, A'Z qui donnent les distances zénithales de l'étoile à ses deux passages, ce qui dispense d'employer une surface horizontale.

De plus les distances zénithales observées doivent encore subir une correction ; car à cause du passage de la lumière dans l'atmosphère, l'étoile en A et en A' paraît plus rapprochée du zénith qu'elle ne l'est en réalité. Ce déplacement est dû à la réfraction. On appelle ainsi le changement de direction qu'éprouve la lumière quand elle passe d'un milieu dans un autre milieu de densité différente, par exemple en pénétrant de l'air dans le verre, dans l'eau, et même d'une couche d'air dans une autre ; car ces couches ont des densités de plus en plus faibles à mesure qu'elles sont plus éloignées de la terre. Dans le milieu le plus dense le rayon lumineux fait un angle moins grand avec la perpendiculaire menée à la surface de séparation des deux milieux, et un angle plus grand dans le milieu le plus dense (a).

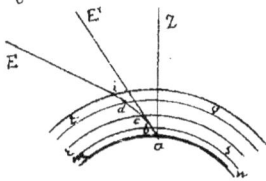

Fig 6

Maintenant soit a un point de la surface terrestre, za sa verticale ; mn, rs ... tv (Fig. 6) les diverses couches de l'atmosphère. Le rayon lumineux Ei vient de l'étoile E en ligne droite jusqu'au point i. En traversant la 1ʳᵉ couche d'air tv, il change de direction et suit une ligne id un peu moins oblique, c'est-à-dire faisant un angle moins grand qu'auparavant avec la verticale qui passerait par le point i. Une autre déviation se produit dans chacune des couches suivantes, et même de plus en plus forte parce que leur densité va en croissant à mesure qu'elles sont plus rapprochées de la terre. Le rayon lumineux Ei suit donc à travers l'atmosphère la ligne courbe $idcba$. Or en vertu d'une illusion dont nous ne pouvons nous corriger, nous ne soupçonnons pas que la lumière

(a) C'est la réfraction qui déforme les objets vus à travers l'eau et le verre.

ait suivi une autre direction que la ligne droite, et d'après l'impression qu'éprouve le nerf optique, nous jugeons que l'étoile est sur la ligne droite formée par le prolongement de l'extrémité du rayon lumineux qui a pénétré dans l'œil; nous la voyons en E' tandis qu'elle est en E. Par conséquent la distance zénithale mesurée par l'instrument est plus petite que la véritable distance qui est l'angle E a Z. Quand l'astre est au zénith de l'observateur, le rayon lumineux n'éprouve pas de déviation et suit la verticale. Hors de ce point, il subit une déviation d'autant plus grande que l'astre est moins élevé au-dessus de l'horizon où elle est à son maximum.

Au moyen de tables calculées avec soin, on sait quelle quantité il faut ajouter aux arcs mesurés A Z, A'Z pour avoir les vraies distances zénithales. Cette correction faite, on prend la demi-somme de ces deux distances et on a ainsi la distance zénithale du pôle. Il n'y a plus qu'à retrancher le résultat de 90° pour connaître la hauteur du pôle au-dessus de l'horizon.

C'est ainsi qu'on a trouvé 42° ½ pour la hauteur du pôle à Perpignan qui est le chef-lieu de département le plus méridional de la France, et 51° à Dunkerque qui est la ville la plus septentrionale. A Paris elle est de 48° 50' (a).

Si l'on fixe à demeure contre un mur dont la face est dans la direction du méridien le cercle de cuivre gradué de manière que la ligne de visée de la lunette décrive exactement le méridien, on a le Cercle mural qui est établi dans tous les observatoires. Il est spécialement destiné à mesurer la distance zénithale d'un astre à son passage au méridien.

15. Le cercle mural pourrait servir à observer l'instant où un astre passe au méridien, mais on en a un autre réservé à cet usage. On l'appelle lunette méridienne ou instrument des passages. Ce n'est autre chose qu'une grande lunette pouvant tourner de haut en bas dans le

_____

(a) A Toulon elle est de 45° 4'.

plan du méridien, autour de deux bras horizontaux dont l'un est dans le prolongement de l'autre, et dont les extrémités reposent sur deux coussinets que supportent deux montants solides en maçonnerie. Dans cette lunette, comme dans celle du mural, et dans toutes celles qui sont destinées à viser un point seulement, un anneau muni de deux fils qui se coupent en son centre se trouve enchâssé dans le tuyau: on l'appelle micromètre ou réticule. C'est par le point d'intersection des deux fils qu'on doit diriger le rayon visuel mené à l'astre: cette ligne droite est l'axe optique de la lunette.

C'est une opération très-délicate que d'établir la lunette méridienne et le mural dans une position telle que l'axe optique décrive exactement le méridien. Cependant il n'est pas difficile de comprendre comment on peut y parvenir. En effet on reconnaît qu'il en est ainsi lorsqu'en observant une des étoiles qui ne se couchent pas, on trouve que le temps qui s'écoule entre les deux moments consécutifs où l'étoile est derrière le point de croisement des fils du micromètre à son passage supérieur et à son passage inférieur est égal à celui qui sépare ce dernier moment de celui où elle revient derrière ce point au passage supérieur.

Une lunette méridienne bien établie doit remplir trois conditions: 1° son axe de rotation doit être parfaitement horizontal; 2° l'axe optique doit être perpendiculaire à l'axe de rotation; 3° l'axe optique doit décrire le plan du méridien.

La lunette méridienne et le cercle mural sont avec une pendule bien réglée les instruments fondamentaux d'un observatoire. Ils sont généralement établis dans une grande salle dans les murs et le plafond de laquelle on a ménagé une large ouverture du sud au nord. Dans l'état ordinaire elle est fermée par des feuilles de tôle qu'on peut retirer en les faisant glisser à volonté au moyen d'une manivelle.

16. Une fois installés la lunette méridienne et le mural ne peuvent plus être déplacés. Pour observer dans les lieux où il n'y a pas d'observatoire, on les remplace par un instrument portatif nommé *Théodolite*. Réduit à sa forme la plus simple, il se compose d'un cercle de cuivre gradué mnp (Fig 7), muni de trois pieds qui permettent de l'établir dans une position parfaitement horizontale. En son centre A il est traversé par une tige d'acier AB qui lui est perpendiculaire et par conséquent verticale. Le long de cette tige se trouve

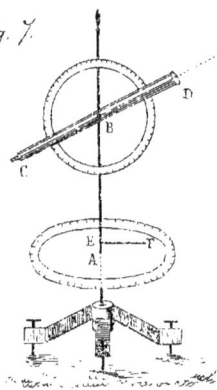

Fig. 7.

appliqué par son centre et faisant corps avec elle un autre cercle gradué vertical CRS sur le plan duquel est une lunette qui peut tourner autour du centre. La tige porte encore une aiguille EF située dans le prolongement du plan du cercle vertical, et parallèle au cercle horizontal dont elle est très-rapprochée. Lorsqu'on fait tourner la tige sur elle-même avec le cercle vertical, l'aiguille tourne en même temps, et son extrémité indique sur le cercle horizontal de combien de degrés la tige a tourné.

Pour observer une étoile au méridien on fait mouvoir le cercle horizontal autour de son centre jusqu'à ce que le zéro de sa graduation soit dans la direction de la méridienne du lieu qu'on a eu soin de déterminer auparavant. On fait ensuite tourner la tige sur elle-même jusqu'à ce que l'aiguille parallèle au cercle horizontal soit au zéro de ce dernier cercle. Alors le cercle vertical est dans le plan du méridien comme le mural.

Cet instrument sert aussi à mesurer la distance zénithale d'un astre qui n'est pas au méridien. Il suffit alors d'amener le cercle vertical dans la direction de l'étoile et de viser avec la lunette. L'arc compris entre l'axe de la lunette et le point du cercle où passe la tige verticale mesure la distance de l'astre au zénith. L'arc compris sur le cercle horizontal entre l'aiguille et la méridienne est l'azimuth de l'étoile : c'est l'angle que le plan vertical mené par l'étoile avec le méridien.

17. Nous pouvons maintenant rechercher les lois du mouvement diurne. On emploie pour cela un appareil qu'on appelle machine parallactique; au fond ce n'est autre chose qu'un théodolite dont la tige au lieu d'être verticale est placée dans la direction de l'axe du monde. Son extrémité inférieure reposant sur un point solide pris sur la méridienne MN, son extrémité supérieure s'appuie sur le sommet d'un support vertical fixé en un point de MN, à une hauteur telle que la tige fasse avec MN un angle égal à la hauteur du pôle (Fig 8). Si on dirige

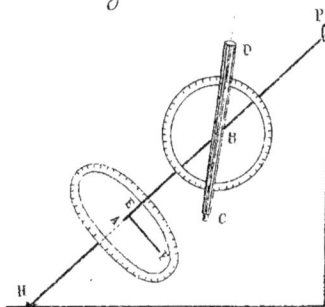

Fig. 8

la lunette CD sur une étoile quelconque E, elle doit constamment faire le même angle PBD avec la tige pour qu'on puisse en visant suivre l'étoile dans sa marche. Ainsi l'étoile reste toujours à la même distance du pôle. Donc les étoiles décrivent des cercles perpendiculaires à l'axe du monde, et parallèles entre eux.

Pour que la lunette accompagne l'étoile, il faut faire tourner la tige sur elle-même, ce qui fait tourner en même temps le cercle 520 et sa lunette. L'aiguille EF parcourt ainsi les divisions de l'autre cercle mnp et marque le nombre de degrés de l'arc décrit par l'étoile. Or on trouve que l'étoile emploie toujours le même temps pour parcourir le même nombre de degrés; donc le mouvement des étoiles est uniforme.

Enfin quoique les circonférences décrites par les étoiles soient d'autant plus grandes qu'elles sont plus éloignées des pôles, ces astres mettent tous le même temps à accomplir leur révolution.

Telles sont les lois du mouvement diurne. On peut les résumer ainsi : les étoiles semblent toutes décrire d'un mouvement uniforme et d'occident en orient, des cercles perpendiculaires à l'axe du monde et parallèles entre eux.

Comme deux mouvements peuvent s'effectuer dans le même sens ou sens inverse, les astronomes ont établi la règle suivante. Ils ont convenu qu'on regarderait comme direct tout mouvement qui s'effectue de droite à gauche pour un observateur placé le long de l'axe et ayant les pieds sur le plan dans lequel le mouvement s'exécute, et comme rétrograde celui qui a lieu de gauche à droite. D'après cela le mouvement diurne est un mouvement rétrograde.

18. La durée de la révolution des étoiles dans le mouvement diurne est invariable; aussi les astronomes l'ont-ils prise pour unité sous le nom de jour sidéral. Le jour sidéral est donc le temps qui s'écoule entre deux passages consécutifs d'une étoile au méridien. Il est divisé en 24 heures sidérales; l'heure en 24 minutes sidérales; la minute en 24 secondes sidérales.

Chaque étoile parcourant en 24 heures les 360° de la circonférence, parcourt 15° par heure sidérale, 15' par minute sidérale et 15'' par seconde sidérale.

La pendule qui accompagne la lunette méridienne et le cercle mural dans les observatoires marque les heures sidérales. C'est une pendule ordinaire dont le cadran est divisé en 24 parties égales au lieu de 12; la grande aiguille fait un tour entier pendant que la petite ne parcourt qu'une de ces divisions. Pour la régler on met les deux aiguilles sur le n° 24 au moment où une étoile, choisie arbitrairement, passe derrière la croisée des fils du micromètre de la lunette méridienne, et on attend le passage suivant. Si à ce moment la grande aiguille est en avant du n° 24 ou en arrière, on l'y ramène et on touche en même temps à la pièce destinée à retarder ou à avancer le pendule. En opérant ainsi plusieurs fois on parvient à mettre la pendule d'accord avec l'étoile, c'est à dire qu'elle marque toujours 24 heures au moment du passage de l'étoile au méridien.

19. Le jour sidéral diffère du jour solaire employé vulgairement et qui se compose de deux parties, l'une qui s'appelle aussi jour et l'autre qui est la nuit. Le jour solaire est le temps qui s'écoule entre deux midis consécutifs, c'est-à-dire entre le moment où le soleil passe au méridien et le moment où il y revient.

Or le soleil, comme la lune et les planètes, se déplace peu à peu dans le ciel par rapport aux étoiles, tout en accomplissant avec elles sa révolution diurne; il retarde chaque jour sur les étoiles. Supposons par exemple qu'un certain jour il passe au méridien en même temps qu'une certaine étoile; le lendemain il n'arrive au méridien que 4 minutes environ après l'étoile; le surlendemain il est encore en retard de 4 minutes sur la veille et par conséquent de 8 minutes sur l'étoile, et ainsi de suite. Ce retard augmentant tous les jours, il arrive un moment où le soleil et l'étoile se retrouvent ensemble au méridien: le temps qui s'écoule entre ces deux passages simultanés du soleil et de l'étoile est ce qu'on appelle année.

Le jour solaire surpasse le jour sidéral de tout le temps que le soleil emploie à parcourir pour arriver au méridien le chemin dont il est en arrière sur l'étoile qui la veille était au méridien en même temps que lui. Or ce retard du soleil varie un peu aux divers jours de l'année; il en résulte que l'excès du jour solaire sur le jour sidéral étant variable, la durée du jour solaire n'est pas constamment la même. Par conséquent si une horloge parfaitement réglée marquait midi au moment du passage du soleil au méridien et midi encore le lendemain au moment du passage suivant, peu à peu elle serait en avance ou en retard sur le midi vrai du soleil. C'est pour cette raison que les astronomes ont adopté l'usage de mesurer le temps en jours sidéraux qui sont tous égaux. Le midi vrai a lieu quand le style du gnomon (9) projette son ombre sur la ligne méridienne. Il est aussi indiqué de la même manière sur les cadrans solaires qui ne sont que des gnomons plus complets marquant toutes les heures du jour et non pas seulement celle de midi.

Cependant il nous importe de régler notre temps sur la marche du soleil qui nous éclaire, et pour cela il faudrait fréquemment avancer ou retarder l'horloge en consultant le cadran solaire. Pour éviter cet inconvénient, on a imaginé un jour qui aurait une durée moyenne entre les durées des divers jours de l'année : c'est ce qu'on nomme le jour solaire moyen, au lieu que le jour réel est appelé jour solaire vrai. C'est le jour que marquerait le soleil si son retard quotidien sur les étoiles était constant, la durée de l'année restant la même. Par le calcul les astronomes connaissent de combien le midi du jour moyen est en avance ou en retard sur le midi vrai, et ils dressent des tables indiquant l'heure que doit marquer une horloge réglée sur le temps moyen au moment du midi vrai pour tous les jours de l'année : ces tables sont insérées dans l'Annuaire du Bureau des longitudes.

C'en est que quatre fois par an que le midi moyen et le midi vrai arrivent en même instant : c'est le 15 avril, le 15 juin, le 31 août et le 25 décembre. Ces époques ne sont pas invariables ; mais les variations qu'elles éprouvent sont peu considérables.

30. Cette différence entre le temps moyen et le temps vrai explique certaines particularités. Par exemple la durée du jour augmente pendant le mois de janvier, mais il semble que cette augmentation se fait dans l'après-midi seulement et nullement le matin, car on remarque moins d'intervalle entre le commencement du jour et midi qu'entre midi et le moment où commence la nuit. Cela vient de ce que le midi des horloges est en avance sur le midi vrai, de cette manière il y a en effet moins de temps entre le lever du soleil et midi moyen que deux moments au coucher. Vers la fin de janvier cette différence est presque d'un quart d'heure à cette époque au moment doit être avancé vrai suivant quand il est midi au cadran solaire.

21. Le retard quotidien du soleil sur les étoiles est aussi la cause du changement d'aspect que présente le ciel pendant les nuits, et fait que des constellations très-brillantes qu'on voyait dans les nuits d'hiver sont invisibles pendant l'été où sont remplacées par des constellations différentes.

D'abord si le soleil ne possédait pas ce mouvement particulier, une étoile qui se lève en même temps que lui, arriverait au méridien et se coucherait aussi avec lui, et par conséquent ne serait jamais visible pendant la nuit.

Supposons maintenant qu'une étoile soit au méridien à minuit, moment où le soleil est à son passage inférieur dans le même méridien au-dessous de l'horizon. Par suite de son retard quotidien, cet astre se trouve au bout de 15 jours en arrière sur l'étoile d'à peu près 15 fois 4 minutes, c'est-à-dire de 1 heure, par conséquent à minuit l'étoile a déjà traversé le méridien depuis 1 heure ; au bout de 1 mois depuis 2 heures ; au bout de 3 mois elle est à minuit en avance de 6 heures à l'ouest du méridien, c'est-à-dire qu'elle se couche à cet instant.

C'est pour cette raison que vers les 10 heures du soir le carré de la Gr. Ourse paraît au-dessous du pôle au mois de mars et au-dessus en septembre.

§ IV. Équateur. – Ascension droite. – Déclinaison. – Catalogue d'étoiles. – Carte céleste.

22. Les cercles parallèles entre eux décrits chaque jour par les étoiles sont habituellement désignés par le seul nom de parallèles. Le plus grand est celui qui est à égale distance des deux pôles : on le nomme Équateur. On appelle donc Équateur un grand cercle perpendiculaire à l'axe du monde, et passant par le centre de la sphère céleste.

Il est utile de se le représenter comme un immense cercle au centre duquel on se trouve placé, coupant le ciel d'orient en occident et perpendiculaire à une longue tige qui passant en son centre irait aboutir au pôle, ou ce qui est à peu près la même chose à l'étoile polaire. Pour les lieux situés en France il n'est ni horizontal, ni vertical ; il est incliné du côté du sud sud....

l'horizon, et fait avec lui un angle d'autant plus faible que la hauteur du pôle est plus grande. La ligne droite le long de laquelle il coupe l'horizon joint les deux points cardinaux est et ouest. Si l'on était dans un lieu où l'on eût l'étoile polaire au zénith, l'axe du monde étant alors vertical, l'équateur se confondrait avec l'horizon.

L'équateur divise la sphère céleste en deux parties égales ; celle qui contient le pôle nord est l'hémisphère boréal, l'autre est l'hémisphère austral. Il passe par un point du ciel facile à reconnaître ; c'est le point occupé dans la constellation d'Orion par la plus septentrionale des trois étoiles serrées qui ont l'éclat de celles de la Gr. Ourse, et qu'on nomme vulgairement le Râteau, le Baudrier. On les voit avant minuit pendant l'hiver.

23. Chaque étoile reste à une distance à peu près constante de l'équateur : on donne à cette distance le nom de déclinaison. Elle est boréale ou australe suivant que l'étoile est au nord ou au sud de l'équateur. Elle est comptée en degrés à partir de ce cercle le long de la circonférence qui passe par les deux pôles. La déclinaison la plus grande est de 90° : c'est celle des pôles.

Voici comment on mesure la déclinaison. Pour cela supposons que la circonférence PEP'E' représente le méridien d'un observateur placé en O (Fig 9). La ligne OZ étant sa verticale, le cercle H'H qui lui est perpendiculaire est l'horizon. Prenons à

Fig 9

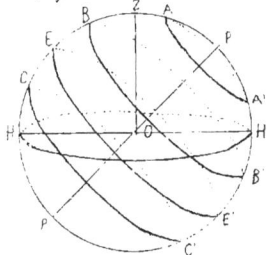

partir du point H l'arc de méridien HP égal à la hauteur du pôle, la droite PP' sera l'axe du monde et le cercle EE' qui lui est perpendiculaire sera l'équateur.

Soit AA' le parallèle décrit par une étoile dont le passage supérieur est au point A ; l'arc AE mesure sa déclinaison. Or cet arc se compose de deux parties : l'une ZA distance zénithale de l'étoile qu'on détermine au moyen du pôle, car ces deux arcs augmentés du même arc ZP donnent les arcs EP et HZ tous deux égaux à 90°. Donc la déclinaison de l'étoile est égale à la hauteur du pôle augmentée de sa distance zénithale.

Si l'étoile est entre le zénith et l'équateur, en B par exemple, il faut au contraire retrancher sa distance zénithale BZ de l'arc EZ égal à la hauteur du pôle pour avoir sa déclinaison BE. Si elle est au sud de l'équateur en C, on obtient sa déclinaison CE qui est australe en retranchant la hauteur du pôle de sa distance zénithale.

La hauteur du pôle et la distance zénithale de l'étoile observée varient avec le lieu d'observation ; mais le nombre de degrés trouvé pour la déclinaison est indépendant de ce lieu.

24. La déclinaison d'un astre indiquant quel est le parallèle qu'il décrit dans son mouvement diurne, si on connaissait encore le point de ce parallèle qu'il occupe, sa position dans le ciel serait complètement déterminée. Pour cela on imagine sur la sphère céleste des cercles passant tous aux deux pôles comme le méridien. Ces cercles nommés cercles horaires coupent l'équateur. Si on convient de les compter à partir de l'un d'entre eux choisi à volonté, tel que PdP', et qui est désigné par le nom de 1er méridien céleste, la distance entre ce cercle et le cercle horaire PmP' passant par une étoile m est appelée ascension droite de

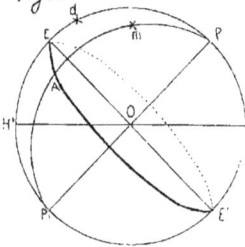

Fig 10

cette étoile. Elle est mesurée par l'arc d'équateur EA compris entre les deux points où ce cercle est coupé par le cercle horaire de l'étoile et par le 1er méridien céleste. En ce point E on met 0° et on compte les degrés de 0° à 360° le long de l'équateur d'occident en orient, c'est-à-dire en sens inverse du mouvement diurne.

Le 1er méridien céleste adopté par les astronomes passe par un point du ciel que nous ne pouvons faire connaître que plus tard. Il se confond presque avec le cercle horaire d'une étoile désignée par la lettre grecque d dans la constellation d'Andromède.

Cette étoile est dans l'hémisphère boréal et sa déclinaison est de 28°¼. Elle brille à peu près comme celles de la Gr. ourse; et est en même temps l'une des quatre qui forment le carré de la constellation de Pégase.

Pour le moment nous prendrons le cercle horaire de cette étoile pour le 1er méridien céleste; le point E où il coupe l'équateur sera l'origine des ascensions droites. Le moment où cette étoile passe au méridien diffère très peu de celui que les astronomes adoptent pour le commencement du jour sidéral. Nous pouvons donc admettre que l'instant du passage de cette étoile au méridien d'un observateur a lieu quand la pendule sidérale a ses deux aiguilles au n° 24, ou comme on dit marque 0 heure.

Maintenant il ne sera pas difficile de comprendre comment on parvient à connaître l'ascension droite d'une étoile m. Pour cela on observe à la lunette méridienne l'instant précis où elle passe au méridien, ce qui a lieu quand elle est cachée par le point de croisement des fils du micromètre. Supposons que la pendule sidérale marque 1 heure à ce moment. Le point de l'équateur pris pour origine des ascensions droites se trouve alors à l'ouest du cercle horaire de l'étoile, à une distance mesurée par l'arc qu'il a parcouru en 1 heure. Or en 24 heures il parcourrait les 360° de la circonférence, en 1 heure il a parcouru la 24e partie de 360° ou 15°. Telle serait l'ascension droite de l'étoile m. On voit que pour connaître l'ascension droite d'une étoile, il suffit de connaître le nombre d'heures sidérales écoulées entre le passage de l'origine des ascensions droites et le passage de l'étoile. On multiplie ensuite 15° par le nombre d'heures, le minutes et de secondes sidérales.

On représente souvent l'ascension droite par le signe R (ascens: recta), celui de la déclinaison par D.

25° Quand on veut observer telle ou telle étoile c'est au moyen de sa déclinaison et de son ascension droite que on parvient facilement à mettre la lunette dans sa direction. Les deux quantités ou comme on dit ces deux coordonnées sont consignées dans un registre dit et en plusieurs heures

L'une renferme les noms donnés aux étoiles ; deux autres les ascensions et les déclinaisons. C'est là ce qu'on appelle Catalogue d'étoiles.

C'est au moyen de ces catalogues qu'on peut marquer avec exactitude la place des étoiles sur les globes célestes. En effet l'a tige qui traverse le globe en son centre représentant l'axe du monde, ses deux extrémités sont les deux pôles. La pointe d'un compas étant mise à l'un des pôles, on décrit autour du globe une circonférence à égale distance des deux pôles ; c'est l'équateur. On le divise en 360 parties égales. Puis en conservant la même ouverture de compas, on place successivement la pointe aux divers points de division de l'équateur, et on décrit des circonférences qui s'écroisant aux deux pôles : ce sont les cercles horaires. On divise en degrés la demi-circonférence qui passe par le numéro 0 de l'équateur, et on inscrit aux points de division les nombres 1, 2, 3... à partir de l'équateur sur les deux arcs terminés aux pôles. Cette demi-circonférence sera le 1er méridien céleste. Pour tracer les parallèles on place la pointe du compas au pôle, et on décrit des circonférences passant par les divers points de division du 1er méridien.

Supposons maintenant qu'une étoile qu'on veut marquer sur le globe ait une ascension droite de 15° et une déclinaison boréale de 5°. Le point qu'elle occupera sur le globe sera celui où le parallèle qui est à 5° au nord de l'équateur est coupé par la demi-circonférence qui va d'un pôle à l'autre en passant par le 15e degré de l'équateur.

26. Les cartes célestes sont plus commodes ; mais elles ne peuvent pas représenter exactement les positions relatives des étoiles, car une surface sphérique ne peut pas être remplacée par une surface plane sans déformation. Voici le système le plus fréquemment suivi pour la carte des deux hémisphères.

Prenons pour exemple l'hémisphère boréal à représenter sur le cercle de l'équateur. On décrit ce cercle sur le papier ; son centre sera le pôle boréal. Les 360 quarts de cercles horaires qui vont du pôle à l'équateur y sont représentés par 360 rayons faisant entre eux des angles de 1 degré. Pour les parallèles on divise un de ces rayons en 90 parties égales, et par ces points de division on fait passer des circonférences ayant toutes le pôle pour centre commun. On marque ensuite chaque étoile d'après son ascension droite et sa déclinaison.

C'est ainsi qu'a été construite la carte ci-jointe de l'hémisphère boréal. On n'y a figuré que les constellations les plus importantes et les noms seulement de quelques autres.

IV. Description du ciel.

27. En voyant tant de différence dans l'éclat des étoiles, on a eu naturellement l'idée de les classer suivant qu'elles sont plus ou moins lumineuses. Celles qu'on peut voir sans le secours des instruments ont été divisées en six ordres: 1re grandeur; 2e grandeur, etc. Cette classification n'a rien de bien précis; car telle étoile qui est considérée comme étant de 1re grandeur peut ne pas différer beaucoup d'une autre étoile appartenant à la seconde. On compte environ de 15 à 20 étoiles de 1re grandeur; 70 de la seconde; 200 de la 3e, le nombre de celles qui composent chaque ordre suivant allant en augmentant.

Une autre division très-ancienne consiste à faire des étoiles plusieurs groupes nommés constellations. Les plus apparentes, imaginées dans l'antiquité, ont reçu des noms généralement empruntés à la mythologie.

Pour reconnaître une étoile ou une constellation, il faut rapporter sa position à celles d'étoiles connues, par exemple celles de la Gr. Ourse qu'on distingue toujours sans aucune incertitude. Une ligne droite menée par deux de ces étoiles rencontre une constellation à une distance plus ou moins grande, en considérant ensuite la même ligne sur un globe ou plus simplement sur une carte céleste on trouve assez facilement le nom de la constellation.

Nous allons indiquer un certain nombre de constellations dont on peut retenir la position, de manière à les reconnaître sans qu'il soit nécessaire de recourir à la carte.

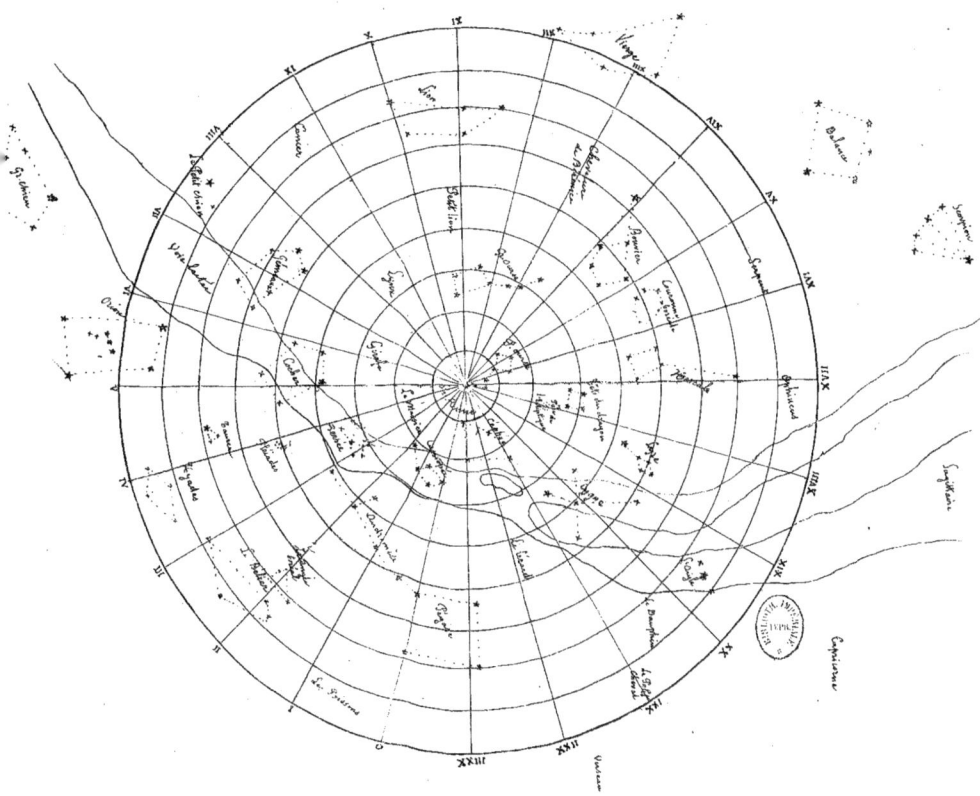

30

1º D'abord désignons selon l'usage les étoiles de la Gr. Ourse par les sept premières lettres de l'alphabet grec. On sait déjà (3) que la ligne droite menée par les étoiles β et α du carré de la Gr. Ourse va rencontrer en dehors de la courbure de la queue l'Étoile polaire. Cette étoile est l'extrémité de la queue de la Petite Ourse, constellation semblable à la Gr. Ourse, moins étendue et placée en sens inverse, et dans laquelle on ne distingue bien que la polaire et les deux premières étoiles du carré, celles qui sont les plus voisines de la Gr. Ourse.

Prolongée au-delà de la polaire, cette ligne rencontre à peu de distance Céphée, constellation composée de trois étoiles de 3ᵉ grandeur formant un grand arc de cercle dont la convexité est du côté du pôle. Tout près mais un peu plus à l'occident on voit Cassiopée qui montre cinq étoiles presque aussi brillantes que celles de la Gr. Ourse dessinant la forme d'un Y dont la jambe serait brisée. Les étoiles de Cassiopée et de la Gr. Ourse sont de 2ᵉ grandeur.

Plus loin que Céphée la ligne droite qui a donné la polaire rencontre deux étoiles de 2ᵉ grandeur appartenant à Pégase. Cette constellation est un grand quadrilatère dont les deux autres étoiles de même grandeur que les deux autres sont sur la droite menée par le 4ᵉ δ du carré de la Gr. Ourse et la polaire. Cette des deux dernières étoiles qui est la plus rapprochée de Cassiopée et l'étoile β de cette dernière constellation passent presque en même temps au méridien, et le moment de leur passage diffère fort peu de celui qui est choisi pour le commencement du jour sidéral.

Cette étoile de Pégase appartient aussi à Andromède dans laquelle elle est désignée par la lettre α. Outre cette étoile cette constellation en contient encore deux autres de 2ᵉ grandeur qui sont presque en ligne droite avec la diagonale du carré de Pégase.

Les deux Ourses, Céphée et Cassiopée se montrent pendant toute la nuit ...

2° La queue de la Gr. Ourse prolongée assez loin rencontre une étoile de 1ʳᵉ grandeur nommée Arcturus. Elle fait partie de la constellation du Bouvier dont les autres étoiles de 3ᵉ grandeur dessinent une espèce de pentagone située entre Arcturus et la Gr. Ourse. Tout près on distingue assez bien une circonférence, quoique les étoiles qui la forment soient petites, excepté une qui est de 2ᵉ grandeur: c'est la Couronne boréale.

La ligne γδ du carré de la Gr. Ourse prolongée en dehors de la courbure de la queue, passe par un petit trapèze qu'on voit très-distinctement presque au zénith pendant l'été: c'est la Tête du Dragon. Cette constellation renferme beaucoup d'autres étoiles peu apparentes et forme une ligne sinueuse qui s'étend entre les deux Ourses en se recourbant entre la Tête et le carré de la Petite-Ourse.

Cette même ligne γδ rencontre peu après la Tête du Dragon une étoile de 1ʳᵉ grandeur nommée Wéga. Elle est dans la constellation de la Lyre dont quatre autres étoiles présentent l'apparence d'un petit losange.

A l'orient de la Lyre, et presque à la même distance de la Tête du Dragon on remarque une étoile de 1ʳᵉ grandeur appartenant au Cygne. Cette constellation forme une espèce de grande croix dont cette étoile primaire est la tête, et dont l'autre extrémité est voisine de la Lyre.

La ligne menée du pôle à égale distance des deux étoiles primaires de la Lyre et du Cygne rencontre plus loin sur l'équateur l'Aigle où l'on remarque une étoile de 1ʳᵉ grandeur nommée Ataïr. Entre la Lyre et la Couronne boréale est la constellation d'Hercule où l'on distingue un quadrilatère composé de quatre étoiles de 3ᵉ grandeur, et une autre étoile de même grandeur plus au sud.

Ces constellations ne peuvent être vues avant minuit que pendant l'été.

3° La partie du ciel opposée à celle que nous venons de décrire est couverte de belles constellations qui s'y montrent pendant l'hiver.

La ligne droite menée par la 3ᵉ et la 2ᵉ (γ et β) de la Gr. Ourse passe à l'opposé de la queue entre deux constellations remarquables. A l'orient les Gémeaux forment un quadrilatère allongé dont le petit côté le moins éloigné de la gr. ourse se distingue par deux étoiles de 2e grandeur : la plus belle des deux est Castor ; l'autre est Pollux.

A l'occident est le Cocher grand pentagone dont un angle est occupé par une belle étoile primaire nommée la Chèvre. Entre le Cocher et Cassiopée est Persée où l'on ne remarque qu'une étoile de 2e grandeur.

La ligne droite γ β du carré de la gr. Ourse qui passe entre les Gémeaux et le Cocher va rencontrer plus loin Orion la plus belle de toutes les constellations. C'est un quadrilatère allongé dont deux étoiles opposées situées dans la direction de la droite γ β sont de 1re grandeur. La plus voisine du pôle est nommée Bételgeuse et l'autre Rigel. Les deux autres sont de 2e grandeur. Ce quadrilatère renferme quatre autres étoiles de 2e grandeur dont trois très-rapprochées forment une ligne droite très-courte connues sous le nom de Baudrier d'Orion, les trois Rois, le Râteau. Celle des trois étoiles serrées qui est à l'occident se trouve sur l'équateur.

La ligne des trois rois remontée à peu de distance du côté du sud-est la plus brillante étoile du ciel : Sirius. Elle appartient à la constellation du Grand-Chien qui contient encore plus au sud cinq étoiles de 2e grandeur. Entre le Grand-Chien et les Gémeaux est le Petit-Chien qui se fait remarquer seulement par une étoile de 1re grandeur nommée Procyon.

A égale distance d'Orion et du Cocher et un peu à l'occident on voit une étoile de 1re grandeur nommée Aldébaran ; elle est dans la constellation du Taureau qui présente la forme d'un v assez facile à distinguer. A côté du Taureau et au nord est un groupe étroit composé de sept petites étoiles très-serrées ; c'est la constellation des Pléiades que les habitants de la campagne connaissent sous le nom de Poussinière. Au delà et encore au nord on retrouve Persée.

A l'occident du Taureau est le Bélier qui ne montre qu'une étoile de 2e grandeur : les autres sont très-peu apparentes.

4° La ligne droite d β du carré de la gr. Ourse qui donne la polaire étant prolongée en sens inverse assez loin rencontre la constellation du Lion (espère allongé aux deux extrémités duquel sont deux étoiles de 1re grandeur, Régulus à l'occident et Dénébola à l'orient.

A partir du Lion on voit en allant vers l'orient mais un peu vers le sud la Vierge qui n'offre rien de remarquable qu'une étoile de 1re grandeur nommée l'Épi ; la Balance dans laquelle deux étoiles de 2e grandeur sont les plateaux ; le Scorpion composé de plusieurs étoiles dessinant un arc dont le centre est occupé par une grosse étoile rougeâtre qui porte le nom d'Antarès.

5° Les quatre constellations énoncées dans le n° précédent font partie des douze constellations du Zodiaque. On appelle ainsi une bande du ciel dirigée d'occident en orient, dont une moitié est un peu en deçà de l'équateur au nord, et l'autre moitié un peu au-delà au sud. Voici les noms de ces douze constellations dans l'ordre où on les rencontre en allant vers l'orient :

Le Bélier ; le Taureau ; les Gémeaux ; le Cancer ; le Lion ; la Vierge ; la Balance ; le Scorpion ; le Sagittaire ; le Capricorne ; le Verseau ; les Poissons.

Le Cancer ainsi que les quatre dernières sont fort peu apparentes. C'est parce que la plupart portent des noms d'animaux que cette zone du ciel a été appelée zodiaque, d'un mot grec qui signifie animal.

28. Il y a beaucoup d'autres constellations ; mais elles sont peu importantes à cause de leur peu d'éclat. Elles ont été formées généralement par les astronomes modernes dans les parties du ciel qui n'avaient pas attiré l'attention des anciens. Telles sont : le Mural entre la Couronne boréale et la Petite-Ourse ; le Messier à l'opposé et près du pôle. Par la première Lalande a voulu honorer l'un des instruments les plus importants d'un observatoire ; à la seconde il a donné le nom d'un astronome qui s'est distingué dans l'observation des comètes. Le Renne entre le pôle et le Messier a été formé en souvenir de l'expédition faite en Laponie en 1736 par les astronomes français Bouguer et Lacondamine pour la mesure de la terre.

L'hémisphère austral n'était connu des anciens que dans les régions voisines de l'équateur. C'est l'abbé Lalaille qui alla l'étudier en détail vers 1750 au Cap de Bonne-Espérance. Il divisa les étoiles australes en constellations qui reçurent pour la plupart des noms d'instruments de physique ou d'astronomie.

29. Lorsque la lune n'est pas sur l'horizon, on peut remarquer pendant la nuit une grande bande blanchâtre qui fait le tour du ciel en passant entre le Petit-Chien et Orion, et traversant le Cocher, Persée et Cassiopée. A l'étoile de 3ᵉ grandeur du Cygne elle se fend en deux branches qui ne se réunissent que dans l'hémisphère austral : c'est la Voie lactée (chemin de lait). Elle est formée par une multitude d'étoiles extrêmement rapprochées les unes des autres, et trop faibles pour qu'on puisse les distinguer à l'œil nu.

On aperçoit aussi des taches blanchâtres, de formes diverses, disséminées sur la sphère céleste, comme de légers nuages ayant la teinte lumineuse de la voie lactée. C'est ce qu'on appelle nébuleuses.

Comme la voie lactée elles sont composées d'un nombre immense d'étoiles très-rapprochées les unes des autres et qui ne peuvent paraître distinctes qu'à l'aide des plus puissants instruments. C'est ainsi que pour des vues faibles, les Pléiades ont l'aspect d'une nébuleuse, tandis que beaucoup de personnes reconnaissent assez nettement les diverses étoiles de cette constellation. Ces nébuleuses sont dites résolubles.

Parmi celles qu'on ne peut pas résoudre, il y en a qui ne résistent à cette décomposition qu'à cause de la faiblesse de nos instruments. Cependant on croit que plusieurs d'entre elles ne sont pas formées d'une agglomération d'étoiles, et qu'elles ne sont que des amas de matière lumineuse. Ce sont les nébuleuses non résolubles.

30. Pour compléter ce qui concerne les étoiles, faisons connaître quelques particularités qu'elles présentent.

Il y a des étoiles qui vues avec de bons instruments paraissent composées de deux ou de plusieurs étoiles parfaitement distinctes : on a même reconnu qu'elles tournent autour d'un point commun.

D'autres étoiles montrent un état variable, c'est-à-dire qu'elles brillent actuellement plus ou moins qu'elles ne brillaient auparavant. On en connaît même qui repassent périodiquement par les mêmes états de grandeur. La plus remarquable est une étoile nommée Algol dans la constellation de Persée; dans un espace de 3 jours environ elle varie de la 2ᵉ à la 4ᵉ grandeur.

Certaines étoiles ont paru subitement et ont disparu au bout de quelque temps sans qu'on les ait jamais revues. L'exemple le plus extraordinaire est celui d'une étoile qui se montra tout-à-coup le 11 novembre 1572 avec autant d'éclat que Sirius, qui s'affaiblit peu à peu et disparut au mois de mars 1574. Elle fut observée par l'astronome Tycho-Brahé.

On ne peut donner aucune explication de ces phénomènes.

31. Nous avons déjà dit (4) que les étoiles sont extrêmement éloignées. On est parvenu à découvrir que les plus rapprochées de nous sont à une distance qui surpasse 200 000 fois la distance de la terre au soleil, ce qui fait plus de 7 millions de fois 1 million de lieues. Or la lumière marche avec une si grande rapidité qu'elle parcourt 75 000 lieues par seconde. Pour venir du soleil à la terre elle emploie 8 minutes 18 secondes; celle qui part de l'étoile située à la plus petite distance de la terre mettrait au moins 3 ans et demi pour arriver jusqu'à nous. Au-delà sont d'autres étoiles de plus en plus éloignées; on peut croire même qu'il y en a probablement à des distances si considérables que la lumière malgré sa grande vitesse n'a pas encore eu le temps de parvenir à la terre.

Il ne faut pas confondre les étoiles filantes avec les véritables étoiles. On appelle ainsi des corps lumineux qui semblent s'approcher de la terre dans une direction oblique et avec tant de rapidité qu'on ne les voit briller que pendant quelques instants, laissant après eux une traînée lumineuse. On en observe plus au commencement. On ne sait rien de certain sur leur origine.

§ VI. Rotation de la terre sur elle-même.

32. L'étude du mouvement diurne ne nous prouve pas qu'il s'effectue réellement comme nous l'avons observé ; nous ne nous sommes occupés que des apparences qu'il présente. Or nous voyons fréquemment se produire sous nos yeux des mouvements qui ne sont que de trompeuses illusions. Par exemple pour un voyageur qui est assis dans une voiture entraînée à grande vitesse comme sur un chemin de fer, il semble que les arbres qui bordent le chemin marchent eux-mêmes rapidement en sens inverse de la direction suivie par la voiture. L'illusion est encore plus complète sur un bateau à vapeur, au moment où il commence à se mouvoir. Si l'on n'a pas remarqué qu'on part, on croit voir les quais et les objets qui les couvrent prendre un mouvement dont la rapidité augmente, et il faut pour ainsi dire un instant de réflexion à l'observateur pour reconnaître l'erreur dont il est le jouet.

Il en pourrait bien être de même du mouvement diurne. Les apparences resteraient tout-à-fait les mêmes, si la sphère céleste étant immobile, la terre tournait sur elle-même en 24 heures sidérales en sens inverse du mouvement que nous attribuons aux étoiles. Dans ce cas l'axe du monde ne serait autre chose que l'axe de rotation de la terre.

En effet dans cette hypothèse notre horizon suit le même mouvement que la terre et parcourt en 24 heures la sphère céleste entière ; à l'orient il rencontre sans cesse de nouvelles étoiles qui semblent se lever au moment où nous commençons à les apercevoir, et monter dans le ciel à mesure que la partie orientale de l'horizon s'éloigne d'elles, et s'abaisser à l'occident pendant que la partie opposée de l'horizon s'en rapproche jusqu'au moment où en les dépassant elle les cache à nos yeux.

Il en est de même du passage d'une étoile au méridien. Le méridien d'un observateur, tournant avec lui et la terre, parcourt la sphère céleste comme l'horizon, et l'instant que nous avons appelé passage de l'étoile n'est autre que celui où le méridien vient à la rencontrer en allant en quelque sorte au-devant d'elle.

C'est de la même manière que s'expliquent le lever et le coucher du soleil, et la succession des jours et des nuits. Or il est beaucoup plus naturel d'expliquer ces phénomènes par le mouvement d'un seul corps, la terre, que de faire tourner autour d'elle en 24 heures des millions d'astres situés à des distances incalculables et qui décriraient alors des circonférences immenses avec des vitesses qui dépasseraient tout ce que nous pourrions imaginer. L'hypothèse de la rotation de la terre n'a pas seulement pour elle son caractère de simplicité ; elle s'appuie aussi sur certains phénomènes qu'elle peut seule expliquer ; elle a été démontrée par M. Foucault au moyen du pendule.

Nous regarderons donc comme certain que le mouvement diurne n'est qu'un mouvement apparent sans aucune réalité, et que ces apparences sont dues à la rotation que la terre effectue sur elle-même en 24 heures sidérales d'occident en orient autour d'une ligne droite qui passe par son centre.

Nous continuerons néanmoins à parler du lever et du coucher des astres, de leur passage au méridien, comme si ces phénomènes étaient réels ; car nous ne pouvons pas faire autrement que de les étudier d'abord tels qu'ils nous apparaissent, sauf ensuite à examiner s'ils peuvent s'expliquer autrement d'une manière plus probable et plus satisfaisante.

Chapitre II.

La Terre.

§ 1. Forme sphérique de la terre.

33. Nous avons vu que lorsqu'il s'agit d'observer les mouvements apparents qui se passent à la surface de la sphère céleste, il est indifférent qu'on soit en tel ou tel lieu de la terre, et que par conséquent elle n'est qu'un point dans l'immensité de l'espace. Cependant ce point que nous habitons, sur lequel se passe notre vie, a pour nous une vaste étendue, et il nous importe d'en reconnaître la forme et les dimensions.

La terre n'est nullement plane ou à peu près plane, comme les enfants se l'imaginent d'abord. Elle est complètement isolée de tous les autres corps disséminés comme elle dans l'infinité de l'espace. C'est ce que prouvent les voyages des navigateurs qui partis d'Europe en allant toujours vers l'ouest sont revenus par l'est au point de départ. On n'a pas pu il est vrai faire le tour de la terre du sud au nord à cause des glaces et du froid rigoureux qu'on y rencontre, mais tout montre qu'elle est isolée dans cette direction comme dans les autres.

Parlons d'abord de la surface de la mer qui occupe une très-vaste étendue. Des faits que tout le monde peut observer nous forcent à admettre que cette surface est convexe comme celle d'une boule. En effet lorsqu'on s'éloigne d'un port sur un navire, au bout de quelque temps les maisons, les tours et la côte se cachent peu à peu, comme si elles s'enfonçaient progressivement dans la mer, et leurs sommets disparaissent les derniers. Si au contraire on se dirige vers la terre on aperçoit d'abord dans le lointain une ligne qui se dessine à la surface de l'eau, sa largeur augmente à chaque instant ; enfin on distingue une côte qui semble sortir de l'eau avec les arbres et les habitations qu'elle porte et s'élever de plus en plus.

Ces apparences ne peuvent se produire que parceque la surface de la mer est convexe. Dans le cas où l'on s'éloigne de la terre, l'horizon du spectateur s'incline pour ainsi dire en avant d'un lieu à l'autre et s'élève à l'arrière, de sorte qu'il atteint des points de la côte de plus en plus élevés et finit par passer au-dessus de son sommet. C'est ce que montre la figure 11 dans laquelle la ligne courbe convexe A m n représente la direction suivie par un navire parti d'un lieu A. Soit AO la hauteur d'une tour sur le bord de la mer à l'entrée d'un port A. En cet endroit l'horizon est la surface plane qui rase la surface de l'eau et qui est représentée par la ligne droite H'H. Quand le navire est arrivé en m, l'horizon est B'B; alors on ne voit plus que la partie supérieure BO de la tour; la partie inférieure BA est cachée par la surface de l'eau en m. Plus loin en n l'horizon C'C du lieu passe par-dessus le sommet O, et on ne voit plus que l'eau et le ciel.

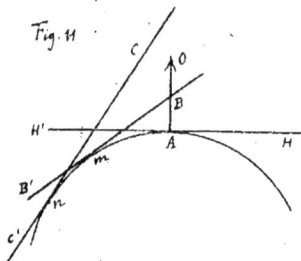
Fig. 11

34. Quant à la surface des continents, il semble d'abord qu'elle est bien différente de celle de la mer, à cause des coteaux et des montagnes dont elle est hérissée. Cependant en se transportant en divers lieux, on peut observer dans ce déplacement des phénomènes analogues à ceux que présente un voyage en mer et que nous venons d'exposer. Seulement au lieu de regarder une tour ou tout autre objet terrestre qui ne peut être aperçu du voyageur que pendant peu de temps, il faut considérer quelque chose qui soit visible dans tous les lieux, par exemple l'étoile polaire qui est à peu près immobile dans le ciel.

Supposons donc qu'on traverse la France du sud au nord en partant de Carcassonne et passant par Bourges, Paris, Amiens jusqu'à Dunkerque. Si dans chacune de ces villes on mesure la hauteur du pôle au-dessus de l'horizon, on trouve qu'elle est environ: à Carcassonne 43°; à Bourges 47°; à Paris 49°; à Amiens 50°; à Dunkerque 51°.

La hauteur de l'étoile polaire présente ainsi les mêmes variations que celle dela côte pour le navigateur qui s'en approche. Par conséquent la surface dela terre prise dans une étendue assez considérable peut être regardée comme convexe; d'où il résulte que les inégalités dont elle est couverte sont fort peu de chose par rapport à la grandeur de ses dimensions.

35. D'autres observations vont nous apprendre en outre que cette surface est sphérique. En effet si un observateur est en pleine mer sur une petite barque, son horizon est limité par une circonférence de peu d'étendue qui se dessine très-nettement autour de lui par un temps clair. S'il monte sur le pont d'un vaisseau, cette circonférence s'agrandit et de plus en plus s'il s'élève jusqu'au sommet du mât; Or comme ce n'est que sur une sphère que ces lignes qui terminent l'horizon peuvent être des circonférences, la surface de la mer est donc sphérique.

On peut en avoir une preuve plus précise. Pour cela soit AO une haute tour bâtie sur un îlot isolé au milieu de la mer (Fig. 12), et BFDG la ligne courbe qui termine l'horizon pour l'observateur placé au sommet O. Avec un instrument analogue au graphomètre on mesure l'angle formé avec la verticale OAC par un rayon visuel OB mené en un point de cette ligne courbe. Or on trouve

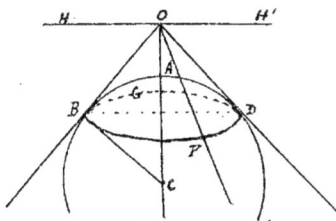

Fig. 12

constamment pour cet angle le même nombre de degrés quel que soit le point de la ligne courbe BFDG qu'on on vise. Tous les rayons visuels OB, OF, OD, OG faisant avec la verticale OAC des angles égaux forment la surface latérale d'un cône qui touche la surface de la mer le long de la circonférence BFDG et dont l'axe est la verticale OAC. Comme la même chose se répète sur tous les points de la mer, il faut conclure que sa courbure est la même sur toute son étendue et dans toutes les directions, ce qui n'appartient qu'à une surface sphérique.

36. Soit C le centre de la sphère; menons le rayon CB Nous avons un triangle rectangle OCB dans lequel on connaît l'angle BOC et la ligne OA qui est la différence entre l'hypoténuse CO et le côté BC; car AC est égal à BC. Cela suffirait

pour qu'on pût construire sur le papier un triangle semblable au triangle OCB. Mais ici cette construction serait impraticable parce que l'angle BOC n'étant jamais de beaucoup inférieur à un angle droit, les côtés OC et BC auraient plusieurs mètres de longueur lors même que la hauteur AO serait représentée par un demi-millimètre. On y supplée par le calcul, et on peut obtenir la longueur du rayon CB d'après les règles de la trigonométrie. Par exemple si la hauteur AO a 75 mètres, on trouve à peu près $89°\frac{3}{4}$ pour l'angle BOC. Le calcul donne dans ce cas 1800 lieues de 4 kilomètres pour le rayon BC.

L'angle HOB formé par le rayon visuel OB avec la ligne horizontale HO est ce qu'on appelle dépression de l'horizon pour le point O : c'est le complément de l'angle BOC. La dépression de l'horizon est constante tout autour d'un même point ; mais elle augmente avec la hauteur de ce point.

Il faut observer qu'il est difficile de mesurer l'angle BOC avec un peu de précision, à cause de la réfraction qui fait paraître le point B trop haut. La valeur trouvée pour cet angle est donc un peu trop forte, et par conséquent le calcul donne pour le côté BC un résultat un peu trop grand. Le rayon de la terre doit donc être un peu inférieur à 1800 lieues. Quoi qu'il en soit, nous pouvons déjà regarder ce nombre comme une valeur approchée de la longueur du rayon terrestre.

37. Les inégalités que présente la surface des continents n'empêchent pas de la regarder comme sphérique ; en d'autres termes elle diffère très-peu de la surface qu'aurait la terre si la mer l'occupait en entier. En effet on peut mesurer la hauteur d'un lieu quelconque au-dessus de cette surface : c'est ce qu'on appelle la hauteur au-dessus du niveau de la mer ou son altitude. Le Mont-Blanc qui a 4800 mètres est le point de l'Europe le plus élevé. Les plus hautes montagnes du monde sont les monts Himalaya en Asie ; leur élévation est de 8800 mètres, ce qui fait environ 2 lieues. Or en prenant 1800 lieues pour le rayon de la terre, on voit que 2 lieues ne sont que la 900ᵉ partie de ce rayon. Si donc on construisait pour représenter la terre un globe de carton dont le rayon aurait 900 demi-millimètres, c'est-à-dire 45 centimètres,

la plus haute montagne n'y serait figurée que par un grain de sable et d'un demi-millimètre d'épaisseur. On a donc raison de dire que les inégalités que font les montagnes à la surface de la terre y sont moins sensibles que les aspérités de la surface d'une orange.

§ 11. Cercles terrestres. — Latitude et longitude.

38. La terre étant une grande sphère, nous prendrons désormais son centre pour le centre de la sphère céleste ; c'est donc par ce point que nous ferons passer l'axe du monde. La portion de cet axe comprise dans la terre est l'axe terrestre, ses deux extrémités p et p' sont les pôles terrestres (Fig. 13) ; ils portent les mêmes noms que les pôles célestes correspondants. L'un est le pôle boréal ; l'autre le pôle austral.

On appelle méridiens terrestres des cercles qui environnent la terre en passant

Fig. 13

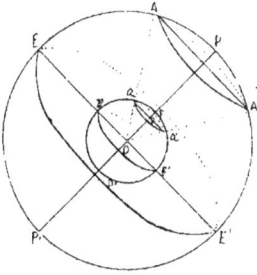

par les pôles. L'équateur terrestre est un cercle qui environne la terre en passant à égale distance des deux pôles : il est perpendiculaire à l'axe. On appelle parallèles terrestres des cercles qui font le tour de la terre parallèlement à l'équateur. Ils sont de moins en moins grands à mesure qu'ils sont plus rapprochés des pôles.

L'équateur divise la terre en deux parties égales : l'hémisphère boréal dans lequel se trouve l'Europe, et l'hémisphère austral. On lui donne aussi le nom de ligne équinoxiale : c'est la ligne qui dans les mappemondes va de l'ouest à l'est et qui porte le n° 0°. Elle traverse l'Afrique et l'Amérique du sud.

L'équateur terrestre cc' et les méridiens terrestres pacp' peuvent être regardés comme les intersections de la sphère terrestre par l'équateur céleste EE' et les méridiens célestes PAEP'. Mais les parallèles célestes ne rencontrent pas la terre qui n'a par rapport à la sphère céleste que des dimensions extrêmement petites. Les rayons menés du centre O à tous les points du parallèle terrestre aa' vont rencontrer sur la sphère céleste le parallèle correspondant AA', et la distance AE de ce dernier parallèle à l'équateur EE' contient le même nombre de degrés que l'arc ae qui mesure la distance du parallèle aa' à l'équateur terrestre ee'.

39. On détermine la position d'un lieu à la surface de la terre au moyen de deux distances tout-à-fait semblables à la déclinaison et à l'ascension droite des étoiles et qu'on appelle latitude et longitude.

La latitude d'un lieu est la distance de ce lieu à l'équateur évaluée en degrés le long du méridien de ce lieu. Elle est comptée de 0° à 90° à partir de l'équateur: aux deux pôles elle est de 90°. On dit que la latitude est boréale ou australe suivant que le lieu est dans l'hémisphère boréal ou dans l'hémisphère austral.

On appelle longitude d'un lieu la distance comprise entre le méridien de ce lieu et un autre méridien choisi arbitrairement et nommé 1er méridien. Cette distance est mesurée par le nombre de degrés de l'arc d'équateur compris entre les deux méridiens. On met 0 au point où l'équateur est coupé par le 1er méridien, et on compte les degrés de 0° à 180° des deux côtés de ce point. Il y a une longitude orientale et une longitude occidentale, suivant que le lieu considéré est à l'est ou à l'ouest du 1er méridien.

Le 1er méridien adopté en France est celui qui passe par la lunette méridienne installée à l'Observatoire de Paris. Chez les anglais c'est celui de l'observatoire de Greenwich petite ville située à 10 kilomètres à l'est de Londres. En général chaque nation prend pour 1er méridien celui de son observatoire principal.

40. La latitude d'un lieu est égale à la hauteur du pôle au-dessus de l'horizon de ce lieu.

En effet soit a un lieu de la terre situé sur le méridien p a p', et OZ sa verticale (Fig. 14). Son horizon est représenté par la droite H'H perpendiculaire à OZ, ou ce qui est plus simple, par la droite H'H menée par le centre ou pour cela même à OZ, puisqu'on peut sans ce cas négliger l'épaisseur de la sphère terrestre, soit PP l'axe du monde, et EE' la ligne qui représente l'équateur céleste. La hauteur du

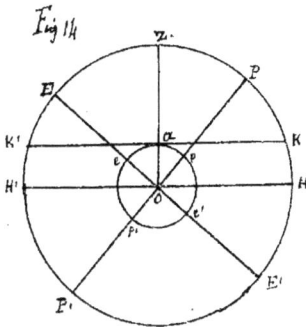
Fig 14

pôle mesurée au lieu α est la même que si elle était mesurée au centre de la terre où elle est égale à l'arc PH.

La latitude du lieu α est l'arc αe qui contient le même nombre de degrés que l'arc EZ. Or EZ est lui-même égal à PH ; car si l'on ajoute à chacun l'arc ZP on obtient les arcs EP et ZP qui valent tous deux 90°. Donc pour connaître la latitude d'un lieu il suffit de mesurer la hauteur du pôle en ce lieu (14 ; 16) soit au cercle mural, soit au théodolite. La latitude de l'observatoire de Paris est de 48° 50' 11".

41. Mesure de la longitude. — Pour rendre l'explication plus simple, nous parlerons dans ce qui suit du soleil en le considérant comme s'il donnait les jours solaires moyens qui sont tous égaux (19).

D'abord tous les lieux situés sur le même méridien ont midi au même instant, puisque midi en un lieu n'est autre chose que le moment où le soleil traverse le méridien de ce lieu. C'est ce qui arrive à peu près en France pour les villes de Carcassonne, Bourges, Paris, Amiens et Dunkerque.

Si deux villes sont sur des méridiens différents, le soleil traverse d'abord le méridien de celle qui est la plus avancée à l'est et n'arrive que plus tard au méridien de l'autre. Par conséquent deux horloges réglées en ces deux villes sur le soleil ne marqueront pas midi au même instant, et le retard de la pendule de la seconde ville sur celle de la première sera d'autant plus considérable qu'il y aura plus d'intervalle entre les deux méridiens. Or le soleil dans son mouvement diurne parcourt 360° en 24 heures (temps moyen) ; en 1 heure il parcourra seulement 15°. Pour parcourir 1° il emploiera 4 minutes.

Supposons maintenant qu'au moment précis de midi un observateur envoie de Marseille par le télégraphe électrique un signal à un observateur établi à Paris avec une pendule bien réglée. En raison de l'immense vitesse de l'électricité, ce signal est reçu au moment même où il est donné. L'observateur de Paris consulte à l'instant sa pendule et voit qu'il est seulement 11ʰ 48ᵐ. Le soleil mettra donc 12 minutes pour aller du méridien de Marseille à celui de Paris, ce qui correspond à une distance de 3°; donc la longitude de Marseille est 3° à l'est.

Prenons un autre exemple. Lorsqu'il est midi à Rennes, l'observateur de Paris averti au même instant par le télégraphe électrique voit que sa pendule marque midi 16 minutes. La longitude de Rennes est donc de 4° à l'ouest.

De ce qui précède il résulte que pour connaître le nombre de degrés qui mesure la distance des méridiens de deux lieux, il suffit que deux observateurs notent les heures marquées au même instant dans ces deux lieux par deux pendules réglées sur le soleil. Il y aura dans la distance cherchée autant de degrés qu'il y aura de fois 4 minutes dans la différence des deux heures.

42. La plus grande difficulté est de produire un signal qui soit reçu au même instant par les deux observateurs établis dans les deux lieux. Le télégraphe électrique est un moyen très-commode. Avant l'invention de cet admirable instrument, on s'est servi de signaux de feu, produits par la combustion instantanée d'une fusée de poudre pendant la nuit sur un point élevé. La lumière dont la rapidité est presque aussi grande que celle de l'électricité parvenait au même instant aux deux observateurs. On déterminait ainsi la longitude d'un lieu par rapport au 1ᵉʳ méridien; puis celle d'un second lieu par rapport au premier et ainsi de suite.

Un moyen très-simple pour déterminer la longitude consisterait à emporter avec soi l'heure du 1ᵉʳ méridien. C'est ce qu'on réalise avec un chronomètre, montre construite avec assez de perfection pour que dans toute une année elle ne varie pas d'une seconde. Avant de partir on la règle sur l'heure de l'observatoire de Paris et dans quelque lieu qu'on se trouve elle ne marque midi que lorsque le soleil est au méridien de Paris. Au moment où il est midi dans le lieu où l'on est arrivé, on lit l'heure indiquée par le chronomètre. S'il marque

10 heures du matin par exemple, cela indique que le soleil n'arrivera que dans 2 heures au méridien de Paris ; donc le lieu est à 30° à l'est du 1er méridien.

43. Les marins ont besoin de déterminer chaque jour le point où ils sont sur la mer pour ne pas faire fausse route. Mais la mobilité du navire ne leur permet pas d'opérer comme sur terre.

Pour la longitude chaque navire possède un chronomètre tenu avec le plus grand soin et donnant l'heure de Paris. Avec un instrument nommé sextant, qu'on tient à la main, au lieu de l'établir d'une manière fixe comme le théodolite, on observe le moment où le soleil passe au méridien. Le chronomètre indique alors l'heure qu'il est à Paris quand il est midi pour le navire. Si l'on doit déterminer la longitude à un autre moment de la journée, on commence par déterminer l'heure qu'il est dans le lieu où l'on se trouve, au moyen de certaines observations faites avec le même instrument et de quelques calculs. On obtient ainsi l'heure que marquerait à cet instant une pendule réglée en ce lieu sur le soleil.

Il peut arriver que le chronomètre ait été dérangé, ou que ses indications n'inspirent que peu de confiance. On peut alors se procurer l'heure de Paris d'une autre manière, au moyen de la lune. En effet cet astre dans son mouvement diurne se déplace très-rapidement parmi les étoiles, et les astronomes peuvent calculer d'avance les distances des principales étoiles à la lune à un moment quelconque du jour en temps de Paris, par exemple de 3 heures en 3 heures. Ces distances et les heures correspondantes sont consignées dans un ouvrage intitulé Connaissance des temps et renfermant plusieurs autres tables astronomiques destinées à la marine. On mesure donc à l'aide du sextant la distance d'une étoile au bord de la lune ; on corrige ensuite le résultat de quelques erreurs inhérentes à l'observation elle-même, et on cherche dans la table l'heure de Paris qui à ce moment correspond à la distance trouvée. Dans cette circonstance le ciel est en quelque sorte pour le navigateur un immense cadran dont l'aiguille mobile serait la lune, et dont les étoiles indiqueraient les divisions. Il ne manque que les nombres d'heures qui se trouvent dans la Connaissance des temps.

Pour la latitude il faut se rappeler que la déclinaison d'une étoile est égale à la hauteur du pôle augmentée ou diminuée de la distance zénithale de l'étoile dans le méridien, suivant que l'étoile est entre le zénith et le pôle, ou du côté opposé vers l'équateur, ce qu'on exprime ainsi : $\delta = H \pm d_z$, d'où $H = \delta \mp d_z$.

On mesure donc avec le sextant la distance zénithale d'une étoile à son passage au méridien. Si elle est entre le zénith et le pôle on retranche cette distance zénithale de la déclinaison de l'étoile prise dans la Connaissance des temps. On a ainsi la hauteur du pôle, c'est-à-dire la latitude du lieu.

44. Pour connaître l'heure d'un lieu au moment où il est midi à Paris, il suffit de connaître la longitude de ce lieu. Ainsi la longitude de Toumou étant de $2°\frac{1}{2}$ à l'est, il est midi 10 minutes à Toumou quand il est seulement midi à Paris.

Parmi les villes importantes de la France, Strasbourg est la plus avancée à l'est ; sa longitude est de 5°25'. Brest est la plus reculée à l'ouest ; sa longitude est de 6°50'. Elles ont aussi à peu près la même latitude $48°\frac{1}{2}$. Quand il est midi à Paris il est à Strasbourg midi 22 minutes, à Brest 11 heures 33 minutes.

Cette différence des heures marquées au même instant dans deux endroits produit une singularité qu'il est utile de faire connaître. Pour cela supposons deux voyageurs partant de Paris et se dirigeant l'un à l'est et l'autre à l'ouest. Lorsque le premier est arrivé à 15° de longitude orientale il a 1 heure tandis qu'il est midi à Paris ; à 90° il a 6 heures du soir ; à 165° il a 11 heures du soir ; enfin à 180° il a minuit fin du jeudi par exemple. À 15° plus loin il a donc vendredi 1 heure du matin quand il est à Paris midi du jeudi.

Le contraire arrive pour celui qui a marché à l'ouest. À 15° de longitude occidentale il a seulement 11 heures quand il est midi à Paris ; à 90° il a 6 heures du matin ; à 165° il a 1 heure du matin, et enfin à 180° il a minuit commencement du jeudi si il est jeudi à Paris ce jour là. À 15° plus loin il aura mercredi 11 heures du soir. Ainsi une personne à Paris écrivant une lettre le jeudi à midi, les deux voyageurs, s'ils écrivent au même instant, dateront l'un du vendredi 1 heure du matin et l'autre du mercredi 11 heures du soir. Ainsi dans cette semaine les trois personnes ont eu jeudi à trois jours différents, ce qui réalise le problème de la semaine à trois jeudis.

§ III. Dimensions de la terre. – Aplatissement aux pôles. – Système métrique.

45. Jusqu'à présent nous n'avons fait connaître qu'une valeur peu exacte du rayon de la terre ; nous allons maintenant exposer comment on a pu le déterminer avec plus de précision.

Si l'on parvenait à mesurer la longueur d'un arc de méridien ainsi que le nombre de degrés qu'il renferme, en divisant cette longueur par le nombre de degrés, on obtiendrait celle d'un arc de 1°, et en la multipliant par 180 celle d'un demi-méridien. Il ne resterait plus qu'à diviser ce dernier résultat par 3,14159... pour avoir le rayon.

Considérons deux lieux situés sur le même méridien, par exemple Paris et Dunkerque. On peut d'abord connaître le nombre de degrés de l'arc de méridien compris entre ces deux villes ; car il suffit de prendre la différence de leurs latitudes. Celle de Dunkerque étant de 51°2' et celle de Paris de 48°51' ; l'arc qui unit ces deux villes a donc 2°11'.

Ensuite après avoir déterminé la direction de la méridienne à Paris on la prolonge jusqu'à Dunkerque. Pour cela deux jalons plantés dans cette direction à Paris serviront à en faire placer un troisième plus loin et ainsi de suite.

Si le terrain entre ces deux points était uni et sans obstacles, on pourrait mesurer leur distance à la chaîne ; mais il n'en est presque jamais ainsi, ce qui oblige à procéder autrement. La méthode suivie encore aujourd'hui fut employée en 1669 par l'abbé Picard. Elle consiste à prendre à droite et à gauche de la méridienne un certain nombre de points apparents et stables, tels que des sommets de tours, des pointes de clocher, etc., et à imaginer des droites reliant successivement ces points, ce qui forme un réseau de triangles couvrant l'espace compris entre les deux extrémités de l'arc, et dont chacun intercepte une portion de cet arc, c'est-à-dire de la méridienne.

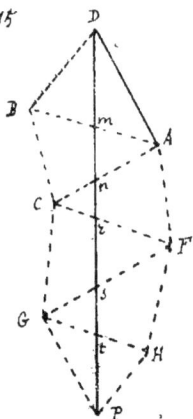

Soit par exemple PD l'arc de méridien (Fig. 15) ; A, B, C ... les points choisis à droite et à gauche. Cet arc est divisé par les triangles en parties qu'on peut regarder comme étant à peu près droites Dm, mn ... etc.

D'abord on mesure un côté DA par exemple avec toutes les précautions imaginables, après avoir eu soin de le prendre sur un terrain plat et découvert. Ce côté est la base. On mesure ensuite au théodolite les trois angles du triangle ADB ainsi que l'angle ADm ou l'angle BDm. On peut alors calculer les les autres côtés du triangle ADB ainsi que la première partie Dm de la méridienne et l'angle DmA.

Dans le triangle ABC on mesure aussi les trois angles. Or on connaît déjà le côté AB par le calcul du premier triangle ; un autre calcul fera connaître les côtés de ce deuxième triangle et la seconde partie mn de la méridienne. On continue ensuite de la même manière. Tout se réduit donc à la mesure d'une seule ligne, de plusieurs angles et à des calculs.

De plus quand on a trouvé les longueurs des diverses parties de la méridienne, il faut encore par un nouveau calcul chercher ce qu'elles seraient si la surface du sol où on les a obtenues n'était autre que celle de la mer. Cette correction exige que l'on mesure encore les hauteurs des divers sommets des triangles au-dessus du niveau de la mer.

Picard trouva que l'arc de 1° du méridien avait une longueur de 57060 toises. Le demi-méridien a donc 57060 × 180, et le rayon de la terre a

$$\frac{57060^T \times 180}{3,14159} = 3269 \text{ toises.}$$

Or 1 toise vaut 1^{mètre},949 ; le rayon de la terre a donc 1^{m},949 × 3269 = 6371 kilom., ce qui fait environ 1600 lieues.

46. Vers la même époque, Newton, d'après des considérations théoriques, avança l'opinion que la terre ne devait pas être sphérique, mais aplatie aux pôles. Dans ce cas le méridien ne serait plus circulaire et aurait la forme d'une circonférence aplatie aux deux extrémités d'un diamètre. Pour vérifier cette hypothèse, il fallait savoir si un arc de 1° pris sur le méridien à diverses latitudes a des longueurs différentes. Dans ce but deux commissions nommées par l'Académie des sciences de Paris allèrent en 1736 l'une au Pérou près de l'équateur, et l'autre au nord en Laponie, pour y mesurer l'arc de méridien. Pendant ce temps l'abbé Lacaille vérifiait en France les résultats déjà obtenus par Picard. On trouva que l'arc de 1 degré a

près de l'équateur	56750	toises
à Paris	57060	
en Laponie	57.422	

Ainsi la longueur de l'arc de 1° va en augmentant de l'équateur au pôle ; le méridien n'est donc pas circulaire.

De cette augmentation progressive résulte une autre conséquence, c'est que le méridien s'aplatit en se rapprochant des pôles. En effet chacun des arcs de 1° peut être regardé comme circulaire sans erreur appréciable. Or le second à partir de l'équateur étant plus grand que le premier, son rayon surpasse celui du premier. De même le rayon du troisième surpasse celui du second, et ainsi de suite, car deux arcs de 1° pris sur des circonférences différentes ont des longueurs proportionnelles à leurs rayons. En même temps si le rayon

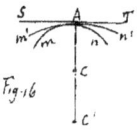
Fig. 16.

augmente un petit arc de 1° par exemple est de moins en moins convexe, comme on le voit sur la fig. 16, où l'arc m'n' dont le rayon est AC' diffère moins de la tangente ST que l'arc mn qui a un rayon plus petit AC. Par conséquent les arcs de 1° qui composent le quart du méridien vont en s'aplatissant de l'équateur au pôle ; ce quart a donc une forme semblable à la courbe EP (Fig. 17) ; celle du méridien

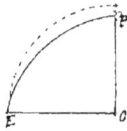

Fig. 17

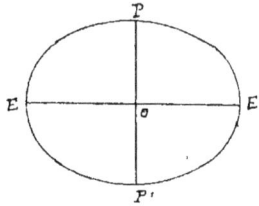

est représentée par la courbe EPE'P' où l'on a exagéré l'aplatissement des axes afin de le rendre plus sensible.

On a reconnu à l'aide de la géométrie analytique que le méridien peut être regardé comme une ellipse dont le demi-grand axe est le rayon de l'équateur et le demi-petit axe OP est le rayon du pôle. Le point O où se coupent le diamètre PP' des pôles et EE' celui de l'équateur est le centre de la terre.

47. Depuis on a mesuré en divers lieux d'autres arcs de méridien. L'opération la plus remarquable est celle qui fut faite de 1792 à 1798 par les ordres du gouvernement français. L'Assemblée nationale avait décrété la suppression des mesures si nombreuses qui étaient en usage dans les diverses parties de la France, et l'établissement d'un système uniforme de nouvelles mesures parmi lesquelles l'unité de longueur désignée par le nom de mètre devait être égale à la dix-millionième partie du quart du méridien. Pour donner à cette unité plus de précision, on décida qu'on procéderait de nouveau à la mesure de l'arc de méridien qui traverse la France depuis Dunkerque en le prolongeant jusqu'à Barcelone en Espagne. Méchain et Delambre qui en furent chargés trouvèrent que le quart du méridien contient 5130740 toises. La longueur du mètre est donc 0,^{T}513, c'est-à-dire un peu plus que la demi-toise. Le quart du méridien a donc 10 millions de mètres ou 10 mille kilomètres.

Des travaux plus récents prouvent que la longueur du quart de méridien doit être portée à 10 000 856 mètres. Cependant on regarde toujours le mètre actuel comme étant égal à la dix-millionième partie de cet arc, pour ne pas revenir sur la détermination de cette mesure.

On a trouvé que le rayon de l'équateur a   6377 kilomètres

celui du pôle . -   6356

leur différence est de   21 kilomètres.

Ainsi le rayon terrestre au pôle est diminué de 21 fois la 6377ᵉ partie de la longueur qu'il a à l'équateur. La fraction $\frac{21}{6377}$ ou mieux la fraction équivalente $\frac{1}{300}$ est prise pour mesure de l'aplatissement.

Si on représentait la terre par un globe d'un rayon de 300 millimètres, il faudrait donc donner 1 millimètre de moins au rayon du pôle : cette différence serait complètement insensible. Aussi dans les applications ordinaires, dans la géographie par exemple, peut-on toujours regarder la terre comme sphérique en prenant pour son rayon moyen 6366 kilomètres.

48. Outre le kilomètre et le myriamètre il y a quelques autres mesures itinéraires qui sont égales à certains arcs de méridien.

La lieue commune est la 25ᵉ partie du degré. Or le degré étant la 90ᵉ partie de 10 000 000 mètres a 111 111 mètres ; la lieue a donc 4444 mètres. Aujourd'hui on prend habituellement 4 kilomètres pour la lieue ordinaire.

La lieue marine est la 20ᵉ partie du degré ou la longueur d'un arc de 3'. Elle contient 5555 mètres.

Le mille marin est la longueur de l'arc de 1' : c'est le tiers de la lieue marine. Il a 1852 mètres. Cette distance est aussi désignée chez les marins par le nom de nœud. Ainsi quand ils disent qu'un navire file 10 nœuds à l'heure, cela signifie qu'il parcourt pendant ce temps un espace égal à 10 fois 1852 mètres. Voici l'explication de cette dénomination.

Pour mesurer la vitesse d'un navire, on lance à l'arrière dans la mer un petit triangle de bois nommé bateau de loch, qui flotte debout enfoncé dans l'eau en partie par l'une de ses pointes qui est chargée d'une balle de plomb qui lui sert de lest. Aux trois angles sont fixés trois fils qui s'attachent à une corde divisée à partir d'un certain point par des nœuds en parties égales à la 120ᵉ partie d'un mille marin, c'est-à-dire à 15 mètres ½ environ. Pendant que le vaisseau d'avance, le bateau de loch reste au bout de quelques instants à peu près stationnaire et la corde continue à se dérouler du haut du pont du navire. On compte alors le nombre de nœuds qui passent pendant une demi-minute ou la 120° partie d'une heure : ce temps est mesuré par un sablier. Si pendant ce temps il a passé 7 nœuds, la vitesse du navire est de 7 fois la 120° partie d'un mille dans la 120° partie de l'heure, et par conséquent de 7 milles à l'heure.

§ IV. Cartes géographiques.

49. La construction d'un globe terrestre ne diffère pas de celle d'un globe céleste (25), puisque la longitude et la latitude sont pour les lieux de la terre ce que l'ascension droite et la déclinaison sont pour les étoiles sur la sphère du ciel. Nous ne dirons donc rien de plus à ce sujet ; mais nous entrerons dans quelques détails au sujet des cartes géographiques.

Leur construction se réduit au tracé des lignes qui doivent y représenter les méridiens et les parallèles de la sphère terrestre ; car ce réseau construit, il ne restera plus qu'à y marquer les divers lieux d'après leur longitude et leur latitude. Il faut distinguer la mappemonde qui représente les deux hémisphères de la terre des cartes particulières qui ne comprennent qu'un pays. Ces deux espèces de cartes ne sont pas formées de la même manière ; car tel procédé qui convient à une étendue comme celle de la France ne vaudra rien pour un hémisphère qui diffère beaucoup plus d'une surface plane.

50. Le système le plus simple pour la mappemonde serait celui qu'on appelle système orthographique. Soit par exemple à construire la carte de l'hémisphère

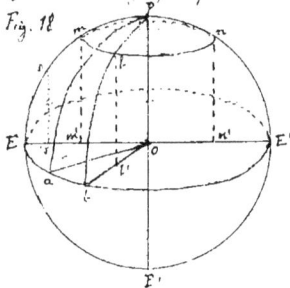
Fig. 18

boréal sur l'équateur EE' (Fig. 18). On imagine des perpendiculaires telles que ll', mm', nn'... abaissées des divers points l, m, n... de l'hémisphère sur ce cercle. Le pôle P vient au centre O : les quarts de méridien PE, Pa, Pb... sont remplacés par les rayons OE, Oa, Ob... et les parallèles tels que mn par des circonférences telles que m'n' ayant leur centre au point O et un rayon om' égal à la moitié de la corde qui soutend l'arc mn double de la distance du parallèle au pôle.

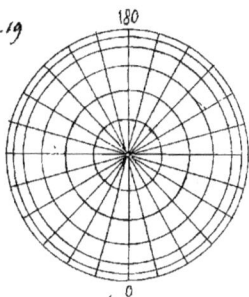

Fig. 19

La figure 19 est la carte obtenue d'après ce système. Elle présente de graves défauts. Deux parallèles consécutifs distants de 1° y sont séparés par des intervalles très-petits pour ceux qui sont voisins de l'équateur, et qui vont en augmentant pour ceux qui se rapprochent du pôle. Il en résulte que deux distances Pm et Ez qui sont égales sur la terre sont représentées sur la carte par des lignes bien différentes om' et Ez'.

Les points O, m', n', z', z' sont les projections orthographiques des points P, m, n, z, z sur le plan de l'équateur.

51. Dans les atlas les plus connus, la mappemonde est construite d'après un autre système qui atténue en partie les inconvénients du précédent. On l'appelle système de projections stéréographiques. La construction de la mappemonde dans ce système repose sur deux propriétés géométriques qui lui sont particulières :

1° Tout cercle de la sphère se projette suivant un cercle sur le plan qui passe par son centre ;

2° Si deux arcs se coupent sur la sphère suivant un angle quelconque, leurs projections stéréographiques se coupent en formant le même angle.

Nous ne pouvons pas démontrer ici ces deux principes ; nous ferons remarquer seulement que les méridiens et les parallèles de la carte seront représentés par des circonférences.

Voici l'idée qu'on peut se faire de ce genre de cartes. Soient P et P' les pôles de la terre (Fig. 20) ; PmP'n le méridien vu en raccourci qui partage la terre en deux hémisphères ; mEn la moitié de l'équateur située dans l'hémisphère EPmP'n qui contient par exemple l'ancien continent ; EF le diamètre de l'équateur qui est perpendiculaire au méridien PMP'n.

Admettons que la terre soit un globe creux formé seulement par sa surface

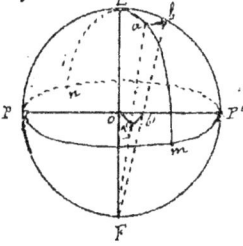

Fig. 20

et que l'œil étant placé en F on regarde la surface intérieure de l'hémisphère EPmP'n à travers le grand cercle PmP'n qui serait transparent, comme on regarde à travers une vitre les objets extérieurs. Les rayons visuels menés du point F aux points E, a, b de l'hémisphère percent le cercle PmP'n et y

dessinent les positions o, a', b' de ces points. Les points o, a', b' sont les projections stéréographiques des points E, a, b sur le cercle PmP'n, et F est le point de vue. Telle serait la carte de l'hémisphère.

Indiquons maintenant comment on décrit les méridiens et les parallèles pour réaliser cette carte. Nous ne considérerons ces cercles que de 10° en 1° pour ne pas trop charger la figure.

Avec un rayon quelconque on décrit un cercle qui représente le méridien sur lequel doit être dessinée la carte de l'hémisphère. On y mène deux diamètres perpendiculaires entre eux:

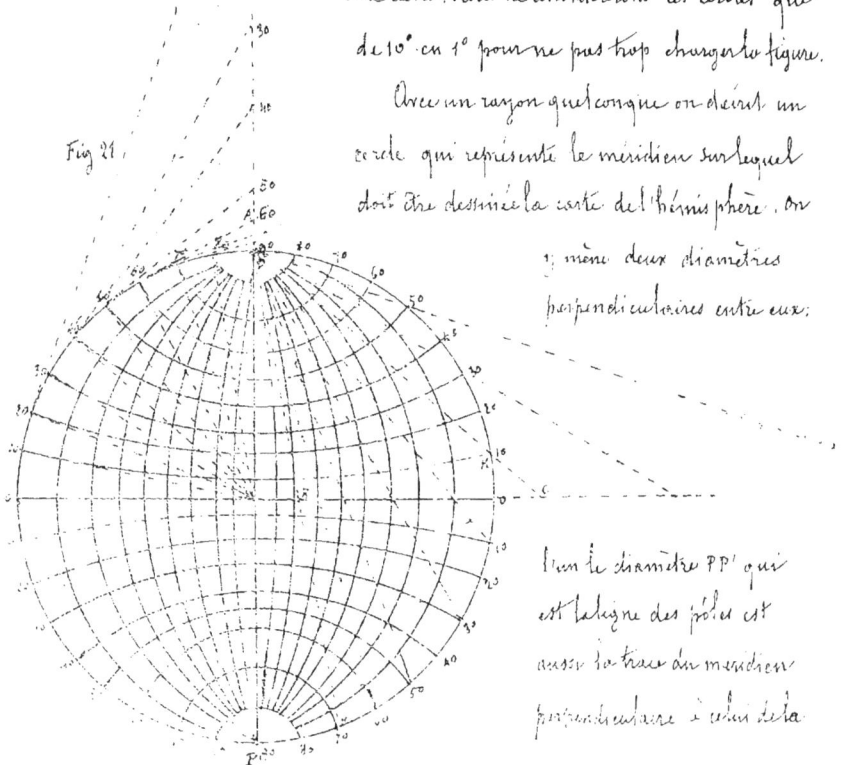

Fig. 21

l'un le diamètre PP' qui est la ligne des pôles est aussi la trace du méridien perpendiculaire à celui de la carte; l'autre le diamètre 0°-0° est la trace du demi-équateur.

Pour décrire un parallèle, celui qui est à 60° de l'équateur par exemple, on mène un rayon au point 60°; à son extrémité on fait passer une perpendiculaire qui va rencontrer le prolongement de la ligne des pôles en un point A, et de ce point pris pour centre on décrit un arc de circonférence du point 60 qui est à gauche au point 60 qui est à droite. On fait de même pour les autres parallèles. On répète ensuite les mêmes constructions au sud de l'équateur. Ainsi le centre de l'arc de circonférence qui représente un parallèle est situé sur le prolongement de la ligne des pôles.

Les arcs qui doivent figurer les méridiens ont leurs centres sur la direction de la ligne équatoriale 0°-0°. Considérons le méridien qui à gauche fait avec celui de la carte un angle de 10°. On prend à partir du pôle P' un arc P'H double, c'est-à-dire de 20°. Du point H on mène à l'autre pôle P une droite qui coupe la ligne équatoriale en B. Ce point B pris pour centre on décrit un arc de circonférence du point P au point P'.

Prenons encore pour exemple le méridien qui fait à gauche avec celui de la carte un angle de 50°. L'arc double à partir de P' se termine en K. Du pôle P on tire la droite PK dont le prolongement va rencontrer le prolongement de la ligne équatoriale en C. Ce point sera le centre de l'arc qui mené de P à P' représentera ce méridien. On opère de même pour les méridiens qui sont à droite de PP'.

On inscrit ensuite sur chaque méridien sa longitude en degrés par rapport au méridien de Paris qui est noté 0. Il ne reste plus qu'à inscrire chaque lieu d'après sa longitude et sa latitude.

52 Les cartes qui ne doivent représenter qu'une partie de l'hémisphère sont construites d'après un système qui consiste en général à remplacer la surface sphérique du pays par celle d'un cône qui l'envelopperait en la touchant le long d'un parallèle et ayant son sommet sur le prolongement de l'axe terrestre. On imagine alors que les plans des méridiens et des parallèles se prolongeant en dehors de la

terre coupent la surface du cône, desorte que les méridiens y dessinent des lignes droites aboutissant au sommet du cône; et les parallèles des circonférences dont chacune a tous ses points à égale distance de ce sommet. Cette surface conique étant ensuite développée en surface plane porte ainsi les lignes destinées à représenter les méridiens et les parallèles de la surface du pays.

Dans la construction de la carte de France à laquelle l'État-major travaille depuis 1817, on a modifié ce système de manière à n'altérer que fort peu les distances qui séparent les divers lieux. Le cône est mené le long du parallèle de 45° qui passe à peu près par le milieu de la France. On détache pour ainsi dire de la surface du pays le réseau formé par les parallèles et les méridiens, et on le place sur la surface du cône en ayant soin d'étendre en ligne droite le méridien de Paris sur la droite le long de laquelle le plan de ce méridien coupe la surface conique; et de conserver leur longueur aux quatre côtés de chaque quadrilatère du réseau. Cette surface conique étant alors développée en surface plane devient le canevas de la carte. Les parallèles y sont représentés par des arcs de circonférence équidistants entre eux et ayant un centre commun sur la ligne droite qui représente le méridien de Paris. Les autres méridiens y sont marqués par des lignes courbes symétriquement placées à droite et à gauche du méridien de Paris et qui vers le nord vont en se rapprochant de ce méridien: on les construit par points et non d'un mouvement continu.

53. Les cartes marines diffèrent beaucoup des cartes ordinaires. On les reconnaît à ce que les méridiens y sont des lignes droites équidistantes entre elles, et que les parallèles sont aussi des lignes droites perpendiculaires aux précédentes, mais séparées par des distances qui sont de plus en plus considérables, à mesure qu'elles s'éloignent de l'équateur.

Pour comprendre leur construction, il faut imaginer un grand cylindre enveloppant la terre le long de l'équateur. Par les 360 points de division de ce cercle menons sur la surface du cylindre des lignes droites qui sont tangentes aux 360 demi-méridiens; par exemple XX' tangente au demi-méridien PAP' (Fig. 22)

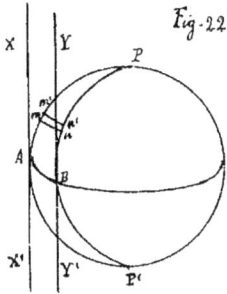
Fig. 22

et YY' tangente au demi-méridien PBP'.

Supposons ensuite qu'on détache de la surface du globe la portion PAB pour l'appliquer sur l'espace rectangulaire correspondant XABY en plaçant l'arc APsur AX et l'arc BP sur BY. De cette manière il est nécessaire d'élargir l'espace PAB en chacune de ses parties; alors on augmente la longueur dans le même rapport. Par exemple si l'arc mm doit devenir double, on doublera aussi la hauteur nn'. Par cet allongement simultané donné à la longueur et à la largeur de chaque partie telle que mm'nn', la surface de la terre se trouve reportée sur la surface du cylindre: celle-ci développée ensuite en surface plane est la carte marine.

Ce système altère beaucoup la configuration des continents; mais il jouit d'une propriété qui rend ces cartes extrêmement utiles dans la navigation. En effet pour aller sur mer d'un point à un autre, on ne suit pas la ligne la plus courte, mais ce qui est plus facile, celle qui coupe constamment sous le même angle tous les méridiens qu'on traverse: cette ligne est appelée loxodromie. Pour connaître cet angle il suffit de mener sur la carte une ligne droite du point de départ au point d'arrivée, l'angle de route est précisément celui que fait cette droite avec les méridiens de la carte. Le timonier n'a plus qu'à manœuvrer le gouvernail de manière à ce que la ligne suivie par le navire forme toujours cet angle avec le méridien dont il a toujours la direction sous les yeux au moyen de la boussole.

Chapitre III.

Le Soleil

§ I. Mouvement propre du soleil. — Écliptique. Tropiques. — Solstices. — Saisons.

54. Nous avons déjà vu (19) que le soleil n'accomplit pas son mouvement diurne avec la même régularité que les étoiles ; car s'il passe un certain jour au méridien en même temps que l'une d'elles, le lendemain il n'y revient que 4 minutes après environ, le surlendemain 8 minutes après, et ainsi de suite. Le soleil a donc un mouvement particulier par lequel il s'avance chaque jour d'occident en orient, tout en obéissant au mouvement diurne.

Il en possède encore un autre dirigé en deçà et au-delà de l'équateur. En effet si l'on observe plusieurs jours de suite son lever, on voit que le point de l'horizon où il se montre se déplace d'un jour à l'autre, qu'il s'avance vers le nord jusqu'au 21 juin, et qu'à partir de ce moment il revient vers le sud jusqu'au 22 décembre, pour remonter ensuite au nord après descendre au sud. L'arc d'horizon que le lever du soleil parcourt ainsi du 21 juin au 22 décembre est d'environ 47°. C'est le 20 mars et le 22 septembre qu'il se trouve à égale distance de ces deux points extrêmes, c'est-à-dire qu'il se lève au point cardinal appelé est. Or les cercles qu'il décrit chaque jour étant constamment parallèles à l'équateur, le soleil décrit l'équateur même le 20 mars et le 22 septembre. Ces deux époques sont les jours des équinoxes, ainsi nommés parce que le jour est alors égal à la nuit par toute la terre. Les parallèles décrits par le soleil du 20 mars au 22 septembre sont dans l'hémisphère boréal, et du 22 septembre au 20 mars ils sont dans l'hémisphère austral. Ceux qui sont décrits le 21 juin et le 22 décembre sont les plus éloignés de l'équateur ; on les appelle tropiques. Celui qui est au nord de l'équateur est le Tropique du Cancer, celui qui est au sud est le Tropique du Capricorne. Le 21 juin et le 22 décembre où le soleil est à sa plus grande distance de l'équateur sont les jours des solstices. Le premier est le jour du solstice d'été et le second le jour du solstice d'hiver.

Les quatre moments où le soleil arrive aux équinoxes et aux solstices divisent l'année en quatre parties qu'on appelle saisons : le printemps qui commence à l'équinoxe du printemps (20 ou 21 mars) ; l'été au solstice d'été 21 juin ; l'automne à l'équinoxe d'automne 22 septembre ; l'hiver au solstice d'hiver 22 décembre.

Le point où le soleil traverse chaque jour le méridien se trouve sur l'équateur seulement deux fois par an. Cet astre reste au nord de ce cercle pendant le printemps et l'été, et au sud pendant l'automne et l'hiver.

De tout ce qui précède on doit conclure que le soleil possède outre le mouvement diurne un mouvement propre dirigé en sens inverse de celui-ci et par lequel il se déplace chaque jour sur la sphère céleste d'occident en orient le long d'une ligne située pour partie au nord de l'équateur et l'autre partie au sud.

55. Pour reconnaître la forme de cette ligne, on a mesuré chaque jour à midi l'ascension droite et la déclinaison du centre du soleil, quoique ce point ne soit pas marqué sur son disque. On y parvient en mesurant l'ascension droite (24) du bord occidental, c'est-à-dire de celui qui arrive le premier au point de croisement des fils du réticule de la lunette méridienne, puis l'ascension du bord oriental. La demi-somme de ces deux ascensions droites est l'ascension droite du centre. On obtient de même la déclinaison de ce point en prenant la demi-somme de la déclinaison du bord supérieur et de celle du bord inférieur. Les positions du centre du soleil à midi sur la sphère céleste étant ainsi connues pour tous les jours de l'année, on les marque sur un globe céleste, comme on fait pour y indiquer la place des étoiles (26) et on mène un trait continu par tous ces points. On trouve que la ligne ainsi formée est une circonférence de grand cercle, c'est-à-dire qu'elle a pour centre le centre du globe céleste, et qu'elle coupe l'équateur.

Ce cercle s'appelle écliptique, parce que les éclipses ne peuvent avoir lieu que lorsque la lune se trouve sur le plan de ce cercle ou à une très-faible distance.

56. La droite d'intersection de l'écliptique avec l'équateur est un diamètre de la sphère céleste dont les extrémités sont les points où le soleil arrive au moment des équinoxes ; on les nomme points équinoxiaux. Celui du printemps est souvent désigné par le nom de point vernal et représenté par le signe ♈.

Le diamètre mené sur l'écliptique perpendiculairement à celui des points équinoxiaux rencontre la circonférence de l'écliptique en deux points où le soleil se trouve au moment des solstices ; on les appelle points solsticiaux. Les quatre points partagent la circonférence de l'écliptique en quatre arcs égaux que le soleil parcourt pendant les quatre saisons. Or en comptant les nombres de jours de chaque saison, on trouve qu'ils ne sont pas égaux ; le printemps dure 92^{j}21^h ; l'été 93^{j}14^h ; l'automne 89^{j}18^h ; l'hiver 89^j. Le soleil ne les parcourt donc pas avec la même vitesse ; par conséquent son mouvement propre n'est pas uniforme. Aussi l'arc d'écliptique dont le soleil retarde chaque jour sur l'étoile avec laquelle il était la veille au méridien n'a pas constamment la même grandeur. Cependant il ne diffère pas beaucoup de 1° soit en plus soit en moins.

L'écliptique est comme l'équateur dirigé de l'ouest à l'est. L'angle que forment ces deux cercles en se coupant est d'environ 23°27' ; c'est ce qu'on appelle obliquité de l'écliptique. Il n'est pas tout-à-fait constant ; mais les variations annuelles qu'il subit sont extrêmement faibles.

57. De même que l'équateur a un axe qui n'est autre que l'axe du monde, on imagine aussi un axe de l'écliptique. C'est une ligne droite perpendiculaire au centre de l'écliptique. Les deux points de la sphère céleste où elle aboutit sont les pôles de l'écliptique ; l'un est au nord et l'autre au sud. Chacun d'eux est à 23°27' du pôle céleste de même nom ; car les deux axes font entre eux le même angle que les deux cercles auxquels ils sont perpendiculaires.

Les parallèles célestes qui passent par les pôles de l'écliptique sont appelés cercles polaires.

58 Le centre de la terre devant être considéré comme le centre de la sphère céleste, nous avons vu (38) que l'équateur et le méridien célestes EE' et PEP' en coupant la terre déterminent l'équateur et le méridien terrestres cc', pep' (Fig 23)

Les tropiques célestes TT', SS' et les cercles polaires célestes BB', AA' ne peuvent pas rencontrer la terre qui est infiniment petite par rapport à la sphère céleste. Cependant on appelle tropiques terrestres les deux cercles tt', ss' parallèles à l'équateur et distants de ce cercle de 23° 27'.

De même on appelle cercles polaires terrestres les deux cercles bb', aa' parallèles à l'équateur et situés à 23°27' des pôles.

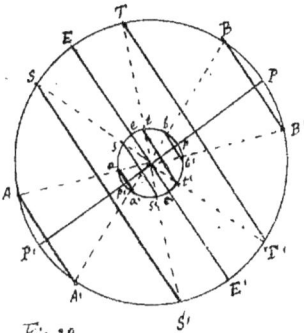

Fig. 23

59 Pour reconnaître plus facilement la marche du soleil à travers les étoiles dans son mouvement propre, les anciens eurent l'idée de considérer une zone de la sphère céleste s'étendant à 9° environ des deux côtés de l'écliptique, et formant en quelque sorte sur la surface de la sphère céleste et de l'ouest à l'est une ceinture circulaire d'une largeur de 18°. Cette zone a été appelée zodiaque. Elle est divisée à partir du point vernal en 12 parties égales ayant chacune 30° et qu'on appelle les signes du zodiaque. Voici leurs noms en commençant au point vernal et dans l'ordre où le soleil les parcourt :

Le Bélier ; le Taureau ; les Gémeaux ; le Cancer ; le Lion ; la Vierge ; la Balance ; le Scorpion ; le Sagittaire ; le Capricorne ; le Verseau ; les Poissons.

Le soleil met un mois environ à traverser chaque signe. Il entre dans le signe du Bélier au moment de l'équinoxe du printemps ; dans celui du Cancer au solstice d'été ; dans celui de la Balance à l'équinoxe d'automne ; et dans celui du Capricorne au solstice d'hiver.

Les noms des signes du zodiaque sont ceux des constellations qui s'y trouvaient à l'époque où cette division fut imaginée. Mais actuellement on commettrait une grande erreur si l'on regardait la partie du ciel occupée par la constellation du Lion par exemple comme le 5ᵉ signe du zodiaque à partir du point vernal. En effet les astronomes ont découvert que ce point n'est resté pas à la même place dans le ciel par rapport aux étoiles, et qu'il se déplace lentement le long de l'écliptique en allant en sens inverse de la marche du soleil, de sorte qu'il a pénétré peu à peu dans la constellation des Poissons, et qu'aujourd'hui cette constellation est tout entière dans le signe du Bélier. Ce phénomène est connu sous le nom de précession des équinoxes. Nous allons l'exposer dans le paragraphe suivant.

§11 Précession des équinoxes. — Origine des ascensions droites et du jour sidéral.

60. Remarquons avant tout que c'est à partir du point vernal que les astronomes comptent les ascensions droites. Or ce point étant purement idéal, et non pas un point matériel qu'on puisse apercevoir comme un astre, on peut se demander comment on parvient à reconnaître le moment du passage de ce point au méridien. D'abord on a mesuré les ascensions droites des étoiles par rapport à une d'entre elles, α d'Andromède par exemple. Avant le 20 mars le soleil étant dans l'hémisphère sud se rapproche de jour en jour de l'équateur; sa déclinaison diminue donc continuellement et on observe le moment où elle est nulle. Le soleil est alors au point vernal. On mesure alors l'ascension droite du centre du soleil par rapport à α d'Andromède. Il est bon d'observer qu'il n'arrive pas toujours que la déclinaison du centre du soleil soit nulle au moment même de son passage au méridien. Cette circonstance fait que la détermination de la position exacte de ce point n'est pas toujours aussi simple et nécessite quelques calculs.

Actuellement on trouve que α d'Andromède passe au méridien 23 secondes sidérales environ après le point vernal. L'arc d'équateur compris entre le point vernal et le point où ce cercle est coupé par le cercle horaire de cette étoile est donc égal à 23 fois 15", ce qui fait 345" ou 5'45". Or l'ascension droite de Sirius par exemple ayant été trouvée égale à 99° 29' par rapport à l'étoile α, il suffit d'ajouter à cet arc celui qui mesure l'ascension droite de cette étoile par rapport au point vernal, c'est-à-dire 5'45". L'ascension droite de Sirius est donc 99° 34' 45". On fera de même pour une étoile quelconque.

C'est aussi le moment du passage du point vernal au méridien qui est adopté par les astronomes pour l'origine du jour sidéral. Pour que la pendule sidérale soit bien réglée, il faut qu'elle marque $0^h 0^m 23^{sec.sid.}$ au moment où l'étoile α d'Andromède est cachée par le point de croisement des fils du micromètre de la lunette méridienne.

61. En mesurant les ascensions droites et les déclinaisons des étoiles à plusieurs années d'intervalle, on a découvert que les ascensions droites augmentent toutes, mais non de quantités égales, et que les déclinaisons varient aussi d'une manière assez compliquée. Cependant si on rapporte la position des étoiles à l'écliptique, on trouve que leurs distances à ce cercle mesurées sur la demi-circonférence qui passe par l'étoile et par les pôles de l'écliptique sont à peu près invariables, mais que l'arc d'écliptique compris entre le point vernal et cette demi-circonférence augmente chaque année d'une quantité égale à 50".

Cet arc d'écliptique est la longitude céleste de l'étoile; elle se compte comme l'ascension droite à partir du point vernal d'occident en orient depuis 0° jusqu'à 360°. On appelle latitude céleste de l'étoile sa distance à l'écliptique comptée sur la demi-circonférence passant par les pôles de l'écliptique; elle est boréale ou australe et varie depuis 0° jusqu'à 90°. La latitude du soleil est toujours nulle. On ne peut pas mesurer directement la longitude et la latitude célestes d'un astre; on les déduit de l'ascension droite et de la déclinaison par le calcul.

Cette augmentation de 50" qu'éprouve annuellement la longitude de chaque étoile peut s'expliquer en admettant que le point vernal, origine des longitudes, se déplace chaque année sur l'écliptique d'un arc de 50" d'orient en occident, c'est-à-dire dans le sens rétrograde (17). C'est pour cela que ce phénomène est appelé rétrogradation des points équinoxiaux. De plus le soleil marchant d'un mouvement direct sur l'écliptique, c'est-à-dire d'occident en orient, le point vernal va pour ainsi dire au-devant du soleil, de sorte que cet astre le rencontre, en d'autres termes traverse l'équateur pour aller de l'hémisphère sud dans l'hémisphère nord avant d'être arrivé au même point de l'écliptique que l'année précédente. De là le nom de précession des équinoxes donné encore à ce phénomène. Ainsi entre deux passages consécutifs au point vernal, le soleil ne parcourt pas la circonférence entière de l'écliptique, mais seulement 360° moins 50".

62. Le point vernal parcourant 50" par an, on trouve par un calcul facile qu'il lui faut près de 26000 ans pour effectuer une révolution entière. Depuis l'époque où fut établie la division zodiacale, le point vernal s'est déplacé de 30° ou de 108000". Si on divise ce dernier nombre par 50 on trouvera combien d'années se sont écoulées depuis cette époque; on obtient pour résultat 2200 ans. L'origine du zodiaque ne remonte donc pas à plus de 900 ans avant J.C.

La ligne des équinoxes obéit au mouvement rétrograde du point vernal; par suite l'équateur tourne de la même manière autour du centre de l'écliptique, en restant toujours incliné sur lui de 23°27'. L'axe du monde qui est perpendiculaire à l'équateur tourne en même temps que lui et exécute ainsi autour de l'axe de l'écliptique dans le sens rétrograde une révolution lente qui ne s'accomplit qu'en 26000 ans. Le pôle céleste se déplace donc sur la sphère tout en restant constamment à 23°27' du pôle de l'écliptique. Voilà pourquoi l'étoile de la Petite Ourse qui est actuellement prise pour l'étoile polaire ne restera pas toujours à la même distance du pôle. Aujourd'hui elle en est séparée par une distance de 1°½. Elle va s'en rapprocher pendant 250 ans. À partir de là elle s'en éloignera de plus en plus de sorte qu'au bout de quelques centaines d'années, elle ne pourra plus servir à indiquer le pôle. Dans 12000 ans l'étoile la plus voisine du pôle sera Wéga de la constellation de la Lyre.

§III. Année sidérale et année tropique. — Calendrier.

62. Nous pouvons maintenant faire connaître avec précision la période qu'on appelle année, et dont nous avons déjà dit quelques mots (19).

Le temps qui s'écoule entre le moment où le soleil se trouve au méridien au même instant qu'une certaine étoile et le moment où ces deux astres y reviennent ensemble est l'année sidérale. Dans cet intervalle le soleil a parcouru la circonférence entière de l'écliptique.

On donne le nom d'année tropique au temps qui sépare deux passages consécutifs du soleil au point vernal. Pendant ce temps le soleil a parcouru seulement sur son écliptique 360° moins le petit arc de 50″ qui mesure la précession de l'équinoxe. L'année tropique est donc un plus courte que la précédente. C'est cette année qui est divisée en quatre saisons par les deux équinoxes et par les deux solstices. C'est aussi celle qui sert de base à l'année civile du calendrier.

63. Les anciens étaient arrivés à une connaissance assez exacte de sa durée, en comptant le nombre de jours écoulés entre deux retours consécutifs du soleil au solstice d'été, c'est-à-dire entre les deux moments où à midi l'ombre d'un gnomon était réduite à sa plus petite longueur dans la direction de la méridienne (10). Ils trouvèrent d'abord 365 jours solaires. Puis en examinant attentivement le retour du solstice d'été pendant plusieurs années, ils remarquèrent que le moment où l'ombre arrivait à son minimum retardait de plus en plus et qu'au bout de 100 ans par exemple le solstice n'avait lieu qu'après 100 fois 365 jours et 25 jours. Donc 100 années tropiques contenaient $365 \times 100 + 25^j$; une année tropique contenait par conséquent $365^j \frac{1}{4}$.

À l'aide d'observations plus précises continuées pendant longtemps les astronomes modernes ont trouvé que cette valeur est un peu trop forte et qu'il faut prendre $365,2422$ (jours solaires moyens) pour la durée de l'année tropique.

64. L'année civile ne pouvant se composer que d'un nombre entier de jours ne s'accordera pas constamment avec l'année tropique à cause de la fraction

de $\frac{1}{4}$ de jour. Les règles d'après lesquelles on rétablit cet accord et celles qui président à la division de l'année en certaines parties constituent le Calendrier.

Sans remonter à une plus haute antiquité, nous dirons seulement que Jules César trouvant la plus grande confusion dans le calendrier romain de son temps jugea indispensable de le modifier. Guidé par l'astronome égyptien Sosigènes qui assignait à l'année tropique $365^{j}\frac{1}{4}$, il décida que l'année civile aurait 365 jours. Mais en négligeant le quart de jour, il arrivait que si on prend par exemple l'équinoxe du printemps pour le commencement de l'année, la 2ᵉ année civile commence $\frac{1}{4}$ de jour avant le retour du soleil à l'équinoxe, la 3ᵉ $\frac{2}{4}$ de jour avant; la 4ᵉ $\frac{3}{4}$ de jour avant, et la 5ᵉ un jour avant. Il suffisait ainsi de donner un jour de plus à la 4ᵉ année pour ramener la 5ᵉ à commencer au moment de l'équinoxe comme l'année tropique. Il fut donc décrété que chaque 4ᵉ année aurait 366 jours. C'est en cela que consiste la réforme julienne.

Jules César adopta la division de l'année en 12 mois établie par le roi Numa; il conserva leurs noms en modifiant un peu le nombre de jours qu'ils contenaient. Il les composa ainsi:

Janvier 31 ; Février 28 ; Mars 31 ; Avril 30 ; Mai 31 ; Juin 30

Juillet 31 ; Août 31 ; Septembre 30 ; Octobre 31 ; Novembre 30 ; Décembre 31.

Le jour qui devait être ajouté à chaque 4ᵉ année fut donné au mois de Février qui en a alors 29.

Pour des motifs sur lesquels les historiens ne s'accordent pas, ce jour ne fut pas mis à la fin du mois, mais entre le 23 et le 24. Or les Romains par une bizarrerie singulière désignaient chaque jour du mois par le rang qu'il occupait avant le 1ᵉʳ du mois suivant qui était appelé le jour des calendes de ce mois; avant le jour des ides qui arrivait le 15 dans les mois de mars, mai, juillet, octobre et le 13 dans les autres; avant le jour des nones qui était le 7 dans les quatre mois qu'on vient de nommer et le 5 dans les autres. Par exemple dans l'année ordinaire le 28 février était la veille des calendes de mars ou le 2 des calendes ; le 27 était le 3;

le 26 était le 4 ; le 25 était le 5. Le 24 était le 6, en latin sexto calendas martii ;
le jour intercalaire fut appelé bissexto calendas martii pour ne pas déranger le
numéro d'ordre des autres jours. De là vient le nom de bissextile donné à
l'année qui a 366 jours.

65. L'erreur commise en prenant $365^{j}\frac{1}{4}$ ou $365^{j},25$ au lieu de $365^{j},2422$ pour
la durée de l'année tropique, rend l'année trop longue, et empêche l'année civile
de recommencer exactement tous les quatre ans avec l'année tropique, malgré
l'addition d'un jour à chaque 4ᵉ année. En effet la différence est de 0,0078
de jour au bout d'un an ; de 0,78 de jour ou environ $\frac{3}{4}$ de jour au bout de 100
ans et enfin de 3 jours au bout de 400 ans. Par conséquent si une année civile
et une année tropique ont commencé à l'équinoxe du printemps, la 401ᵉ
année civile ne commencera que 3 jours après le moment de l'équinoxe. Or le
concile de Nicée réuni en 325 ayant dû s'occuper de fixer le jour où l'on devait
célébrer la fête de Pâques, décida à cette occasion qu'on adopterait pour l'église
catholique le calendrier julien qu'il croyait être parfaitement d'accord avec la
marche du soleil. Cette année-là le calendrier marquait le 21 mars le jour de
l'équinoxe du printemps.

Au bout d'un grand nombre d'années on s'aperçut que le 21 mars arrivait de plus en plus tard après le moment de l'équinoxe ; en 1582 le retard
était de 10 jours. Pour rétablir l'accord du calendrier avec l'année tropique,
le pape Grégoire XIII décréta d'abord que le lendemain du 4 octobre serait
compté le 15 au lieu du 5. Il ordonna de plus qu'à l'avenir on supprimerait
tous les 400 ans les 3 jours qui étaient de trop et que cette suppression se ferait
en ôtant 1 jour à chacune des trois premières années séculaires de la période
de 400 ans. Ainsi ces trois années qui sont bissextiles dans le calendrier julien
deviennent des années communes de 365 jours par la réforme grégorienne.
On peut donc établir la règle suivante : les années bissextiles sont celles dont
le millésime est divisible par 4 ; mais pour les années séculaires il n'y a

de bissextiles que celles dont le nombre des siècles est divisible par 4. Par exemple 1600 a été bissextile ; mais 1700, 1800 et 1900 ne le sont pas.

D'après le calendrier grégorien l'équinoxe du printemps arrive toujours entre le midi du 20 mars et le midi du 21.

Les préjugés religieux empêchèrent longtemps les états protestants d'adopter ce calendrier. Aujourd'hui il n'y a plus parmi les nations chrétiennes que les Russes et les Grecs qui conservent le calendrier julien. Aussi les dates de leurs jours sont-elles actuellement de 12 jours en retard sur les nôtres. Ils comptent le 1er janvier quand nous avons le 13. Il est d'usage dans les correspondances avec ces pays d'indiquer les deux dates, par exemple $\frac{13}{1}$ janvier. Les Turcs ont un calendrier fondé sur le cours de la lune.

Le commencement de l'année n'a pas toujours eu lieu à la même époque. Ce n'est que depuis un édit de Charles IX rendu en 1564 qu'il a été fixé au 1er janvier.

66. Les noms septembre, octobre, novembre, décembre semblent signifier septième, huitième, neuvième et dixième mois de l'année, c'est ce qui eut lieu en effet à l'origine chez les Romains, lorsque Romulus composa l'année de dix mois. Numa son successeur ajouta deux mois à l'année ; Januarius (Janvier) dédié au dieu Janus, et Februarius (Février) consacré aux morts. Le 1er mois de l'année de Romulus portait le nom du dieu Mars. Les noms de Aprilis (avril) et de Maius (Mai) donnés au 2e et au 3e sont expliqués diversement. Le 4e fut appelé Junius (Juin) en l'honneur de Junon. Le 5e qui était désigné par son rang, Quintilis reçut le nom de Julius (Juillet) à cause de Jules César. Quelque temps après on donna le nom d'Augustus (Août) au 6e qui s'appelait Sextilis. Les autres conservèrent leurs noms primitifs.

67. La semaine qui se compose de 7 jours est une période qu'on retrouve dans une haute antiquité. Il est probable qu'elle a son origine dans les quatre phases principales de la lune qui sont séparées par des intervalles

de 7 jours, demême que le mois tire la sienne de la période complète des phases qui a une durée de 29$^{j}\frac{1}{2}$.

Les noms donnés aux sept jours sont ceux des planètes connues des anciens qui comptaient parmi elles le soleil et la lune. Lundi (lunæ dies) jour de la lune ; mardi (jour de Mars) ; mercredi (jour de mercure) ; jeudi (Jovis dies, jour de Jupiter) ; vendredi (Veneris dies, jour de Vénus) ; samedi (Saturni dies, jour de Saturne. Le 7e appelé Solis dies (le jour du Soleil) reçut chez les chrétiens le nom de dies dominica (dimanche, jour du Seigneur). Cependant chez les anglais et chez les Allemands il a conservé son nom païen (Sunday, Sonntag).

67. L'année contient 52 semaines et 1 jour. Par conséquent le 1er jour de l'année reprendrait le même nom au bout de 7 ans, si toutes les années n'avaient que 365 jours ; car 7 ans contiendraient 7 fois 52 semaines plus 1 semaine. A cause des années bissextiles ce n'est qu'au bout de 4 fois 7 ans ou 28 ans que ce retour du même nom se reproduit. Cette période de 28 ans s'appelle cycle solaire. L'année 1865 est la 26e du 67e cycle.

§IV. Inégalité des jours solaires. — Temps moyen et temps vrai. — Cadrans solaires.

68. On a déjà vu (19) que la durée du jour solaire n'est pas constante, et que le jour solaire surpasse le jour sidéral de tout le temps que le soleil met à parcourir parallèlement à l'équateur dans son mouvement diurne l'espace dont il s'est mis en retard pendant un jour sidéral sur l'étoile avec laquelle il se trouvait la veille au méridien, en décrivant pendant ce temps un arc d'écliptique par l'effet de son mouvement propre.

Il y a deux causes à cette inégalité des jours solaires.

1° En mesurant les arcs d'écliptique décrits successivement par le soleil en un jour sidéral, on trouve que ces arcs sont inégaux. Sa vitesse sur l'écliptique est donc variable. L'arc décrit en un jour sidéral est ce qu'on appelle vitesse angulaire du soleil. Elle est maximum vers le 1er janvier et égale à 1° 1' 9"; elle diminue jusque vers le 1er juillet où elle se réduit à 57'12". À partir de ce moment elle augmente jusqu'au 1er janvier. Cette inégalité des arcs d'écliptique décrits pendant chaque jour sidéral fait que les jours solaires sont inégaux.

2° Quand même ces arcs d'écliptique seraient égaux, les jours solaires auraient encore des durées inégales à cause de l'obliquité de l'écliptique.

En effet qu'on suppose la circonférence de l'écliptique divisée en arcs égaux de 1° à partir du point vernal. Si par tous ces points de division on fait passer des demi-circonférences de cercles horaires, c'est-à-dire menées entre les deux pôles de l'équateur, elles couperont ce dernier cercle en parties inégales. Ainsi l'arc que le soleil doit parcourir parallèlement à l'équateur dans son mouvement diurne au bout du jour sidéral pour arriver au méridien, aurait encore des grandeurs inégales dans le cas où le soleil aurait un mouvement propre uniforme.

69 Pour former les jours solaires moyens, les astronomes considèrent le mouvement d'un soleil imaginaire, nommé soleil moyen, qui parcourrait l'équateur au lieu de l'écliptique, avec un mouvement uniforme; de manière à passer au point vernal en même temps que le soleil vrai. Les deux soleils ne traversent pas le méridien au même instant. Par le calcul on détermine de combien le soleil vrai est en avance ou en retard sur le soleil moyen au moment du passage de ce dernier au méridien. Ils ne s'y trouvent ensemble que 4 fois par an : le 15 avril ; le 15 juin ; le 31 août, et le 24 décembre. Pour toute autre époque de l'année, on trouve dans l'Annuaire du Bureau des longitudes l'heure du temps moyen au moment du midi vrai.

Le midi vrai a lieu à l'instant de la journée où l'ombre du style du gnomon est minimum. Pour le reconnaître on emploie aussi le cadran solaire qui n'est autre chose qu'un gnomon portant plusieurs lignes destinées à indiquer les diverses heures de la journée (en temps vrai).

70. Pour comprendre la théorie des cadrans solaires, imaginons que la masse de la terre disparaisse et qu'il ne reste d'elle que le réseau des 360 demi-méridiens, l'équateur sous la forme d'un cercle, et l'axe figuré par une tige matérielle qui lui est perpendiculaire. Le méridien d'un observateur placé au centre de la terre est celui qui se trouve dans la direction de la ligne verticale passant par l'œil. Au moment où le soleil traverse ce méridien, l'ombre de ce cercle se confond avec celle de l'axe sur le plan de l'équateur; la direction de cette ligne est donc la même que si le demi-méridien n'existait pas; ainsi l'axe suffit pour la déterminer.

Une heure après le soleil traverse le méridien qui est à 15° à l'ouest de celui de l'observateur; alors l'ombre projetée par l'axe dessine sur l'équateur une ligne droite qui fait un angle de 15° à l'est avec la méridienne. Une heure plus tard le soleil est au méridien situé à 30° de celui de l'observateur; la ligne d'ombre projetée par l'axe fait aussi un angle de 30° avec la méridienne. Si donc on inscrit midi, 1 heure, 2 heures, etc. sur les diverses lignes d'ombre, on reconnaîtra ensuite l'heure à un moment donné par le numéro de la ligne d'ombre observée à cet instant. On a ainsi un cadran solaire fort simple. On voit que ce n'est autre chose qu'un cercle divisé en 24 parties égales par des rayons faisant entre eux des angles de 15° et traversé en son centre par une tige qui lui est perpendiculaire: cette tige est nommée style.

Supposons maintenant qu'on transporte ce cadran en un point quelconque de la surface de la terre en lui conservant la même position qu'au centre, c'est à-dire que le style soit établi dans la direction de l'axe du monde et que la ligne qui porte le n° 12 soit dans le plan méridien du lieu. Cela s'obtient en le mettant dans un plan vertical mené par la méridienne et en l'inclinant sur l'horizon d'un angle égal à la hauteur du pôle en ce lieu ou d'autres termes égal à la latitude de celui. Cet appareil donnera alors les mêmes indications qu'au centre de la terre; car on peut négliger l'épaisseur de la terre par rapport à la distance qui la sépare du soleil. Ce cadran s'appelle cadran équatorial parce que son plan n'est autre que celui de l'équateur.

Il faut observer que le soleil étant dans l'hémisphère boréal pendant le printemps et l'été, l'ombre se formera sur la face boréale du cadran du 20 mars au 22 septembre. Pendant l'autre moitié de l'année elle se formera sur la face sud.

Ce cadran malgré sa simplicité est assez rarement employé. Il est remplacé par le cadran horizontal ou le cadran vertical dont la construction sort des limites dans lesquelles nous devons rester. D'ailleurs ces appareils n'ont plus la même importance qu'autrefois, depuis que l'usage des montres et des horloges s'est répandu partout. Nous ferons seulement remarquer que dans tous les cadrans solaires le style doit toujours avoir la direction de l'axe du monde.

71. Dans les cadrans verticaux construits avec soin, on voit une ligne courbe en forme de 8 allongé et coupé de haut en bas par la droite méridienne. Cette courbe est la méridienne du temps moyen. Elle est formée par les points où se trouve chaque jour au moment du midi moyen le petit point lumineux qui limite la ligne d'ombre du style (9). Avec cette courbe on peut connaître sur ce cadran le moment du midi moyen : il a lieu lorsque le petit point lumineux se trouve sur cette courbe dans la partie correspondante au jour de l'observation. Pour ne pas multiplier les noms, on se borne à inscrire ceux des mois. On y trouve aussi quelquefois la représentation des signes du zodiaque

§ V. Inégalité des jours et des nuits. – Crépuscule. zônes de la terre. – Variations de température.

72. Jusqu'à présent le mot jour a désigné dans ce qui précède la durée de la révolution diurne du soleil. Dans l'usage ordinaire il a un autre sens : il signifie le temps pendant lequel nous sommes éclairés par cet astre, par opposition à la nuit qui est le temps pendant lequel il nous est caché. Le jour dans ce qui va suivre est donc le temps qui sépare le lever du soleil de son coucher.

La durée du jour n'est pas la même dans tous les lieux à une époque donnée, ni dans un lieu à toutes les époques de l'année. La détermination de cette durée pour un lieu et une époque données revient à chercher comment l'horizon de ce lieu coupe le parallèle décrit à cette époque par le soleil. Ce problème peut se résoudre par une construction graphique qui n'est pas difficile; il exige que l'on connaisse la latitude du lieu et la déclinaison du soleil au jour cherché. De plus on peut négliger l'épaisseur de la terre, et faire passer l'horizon du lieu par le centre, ce qui simplifie la question.

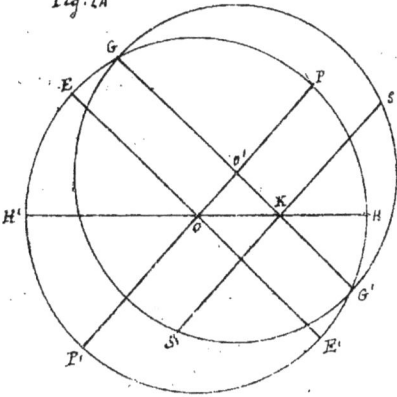

Fig. 24

Prenons pour exemple la durée du jour à Paris le 25 mai. Soit H P H' le méridien céleste qui passe à Paris (Fig 24); H H' la trace de l'horizon. On prend l'arc H E égal à 48° 50' latitude de cette ville, la droite P P' sera l'axe du monde, et E E' perpendiculaire à P P' sera la trace de l'équateur. On prend ensuite E G égal à 21° déclinaison boréale du soleil le 25 mai, et la corde G G' parallèle à E E' sera la trace du parallèle décrit ce jour-là par le soleil. Pour bien comprendre la figure il faut supposer que le méridien H P H' est sur le papier; alors l'horizon, l'équateur et le parallèle G G' sont perpendiculaires au plan de la figure, une moitié de chaque cercle étant en avant du papier et l'autre moitié derrière. De plus la droite horizontale suivant laquelle l'horizon et le parallèle G G' se coupent perce le plan de la figure au point K.

La portion K G correspond à l'arc de parallèle situé au-dessus de l'horizon, et la portion K G' à l'arc situé au-dessous. Pour trouver la grandeur de ces deux arcs, on imagine que le parallèle tourne autour de son diamètre G G' et se rabatte sur le plan de la figure; il devient alors le cercle G S' G' S. La droite S S' perpendiculaire à G G' est la droite d'intersection du parallèle par l'horizon, l'arc S G S' est donc l'arc

décrit par le soleil depuis son lever jusqu'à son coucher. Au moyen du rapporteur
on connaît le nombre de degrés de cet arc qui dans cet exemple est de 224°. Or le soleil
parcourant 360° en 24 heures, la durée du jour sera égale à $24^h \times \frac{224}{360}$.

Mais en vertu de la réfraction (14) le soleil paraît le matin un peu plus tôt et se
montre le soir un peu plus tard, ce qui augmente la durée du jour de quelques minutes.
C'est en tenant compte de cette augmentation et en remplaçant la construction précédente par le calcul que les astronomes déterminent l'heure du lever et du coucher du
soleil pour tous les jours, telle qu'elle est insérée dans les almanachs.

73 Considérons les lieux situés sur l'équateur par exemple le lieu e (Fig 25). La verticale
de ce lieu est OE ; son horizon est représenté par l'axe PP' puisqu'il est perpendiculaire à la verticale. D'après la figure on voit que cet horizon coupe en deux parties

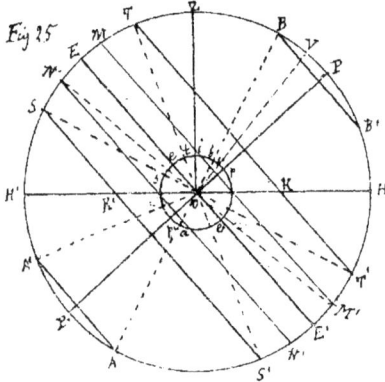
Fig 25

égales tous les parallèles décrits par le
soleil à partir du tropique du Capricorne
SS' jusqu'au tropique du Cancer TT' ;
donc le jour est constamment égal à la
nuit pour tous les lieux de la terre
situés sur l'équateur.

À l'époque des équinoxes le soleil
décrivant l'équateur se trouve à midi
au point E qui est le zénith du lieu e, à ce moment il n'y a pas d'ombre en ce
lieu. Depuis le 20 mars jusqu'au 22 septembre l'ombre à midi est dirigée du nord
au sud et atteint son maximum le 21 juin. Depuis le 22 septembre jusqu'au
21 mars elle est dirigée du sud au nord et atteint son maximum le 22
décembre. Le jour du solstice d'été le soleil à midi passe au zénith des lieux
situés sur le tropique terrestre du Cancer TT'. En effet le soleil est à ce moment
au point T et le rayon TT qui tombe au lieu t est dirigé suivant la verticale
TO. La même chose arrive le jour du solstice d'hiver pour les lieux situés sur
le tropique terrestre du Capricorne SS'.

Les divers lieux situés entre l'équateur et le tropique du Cancer ont le soleil à leur zénith à midi deux fois par an, pendant le printemps et l'été. Cela arrive pour les lieux situés entre l'équateur et le tropique du Capricorne pendant l'automne et l'hiver.

74. Considérons un lieu i situé à une latitude ei. Sa verticale étant OZ, son horizon est représenté par HH' qui est perpendiculaire à OZ. A l'époque des équinoxes le jour en ce lieu est encore égal à la nuit; car l'équateur est coupé en deux parties égales par l'horizon. Quant aux autres parallèles, on voit qu'ils sont divisés en deux parties inégales; la partie qui est sur l'horizon va en augmentant depuis le tropique du Capricorne où elle est représentée par SK' jusqu'au tropique du Cancer où elle est représentée par TK. Le jour est donc minimum au solstice d'hiver 22 décembre, et croît jusqu'au solstice d'été 21 juin où il atteint sa durée maximum.

Si l'on prend un lieu situé à une latitude plus élevée, c'est-à-dire plus éloigné du point e que le lieu i, la verticale de ce lieu fait un angle moins grand avec OP, et l'horizon s'approche de se confondre avec ST'. Les deux parties dans lesquelles chaque tropique est divisé par l'horizon sont plus inégales que pour le lieu i, et cette inégalité augmente jusqu'au lieu b situé sur le cercle polaire arctique. L'horizon de ce lieu est alors le cercle représenté par ST' et qui n'est autre que l'écliptique. Comme il ne fait que toucher la partie inférieure du tropique TT' le jour a 24 heures le 21 juin et il n'y a pas de midi. A la même époque il y a au cercle polaire antarctique dans le lieu a une nuit de 24 heures et pas de jour. Ainsi plus un lieu est voisin du nord, plus est grande en ce lieu la durée du jour maximum qui arrive le 21 juin. L'inverse a lieu pour les points situés à la même latitude dans l'hémisphère austral. Ils ont le jour le plus court quand on a dans l'autre hémisphère le jour le plus long, et réciproquement.

A une latitude de 45° le jour le plus long a $15^h 26^m$

A 60°, ce qui est à peu près celle de St Pétersbourg, le jour a $18^h 30^m$

75. Si un lieu v est situé entre le cercle polaire et le pôle, son horizon NM' fait avec l'équateur un angle égal à la distance angulaire vP et moindre que 23°27'. Le jour le plus long y dure donc tant que le soleil décrit les parallèles compris entre MM' et TT'; il a une grandeur de plusieurs fois 24 heures et est divisée en deux parties égales par le moment du solstice d'été. Le solstice d'hiver est aussi le milieu d'une nuit égale à ce long jour. Pendant le reste de l'année le soleil décrivant les parallèles compris entre MM' et NN' dont chacun est coupé par l'horizon NM' le jour et la nuit ont chacun moins de 24 heures, et ils sont encore égaux à l'époque des équinoxes.

Au pôle p l'horizon étant l'équateur EE', le jour dure pendant que le soleil décrit les parallèles qui sont au nord de l'équateur, et la nuit pendant qu'il décrit les parallèles situées au sud. Le jour a donc 6 mois au pôle boréal et le reste de l'année est une nuit de 6 mois. A l'époque de l'équinoxe du printemps le soleil apparaît à l'horizon et tourne autour de l'observateur qui y serait placé en parcourant une circonférence en 24 heures et en s'élevant peu à peu au-dessus de l'horizon jusqu'au 21 juin où il atteint sa hauteur maximum qui n'est que de 23°27'. A partir de ce moment il continue son mouvement circulaire en s'abaissant graduellement jusqu'au 22 septembre où il disparaît au-dessous de l'horizon. Il s'éloigne de ce cercle jusqu'au 22 décembre, puis il s'en rapproche jusqu'au 21 mars où il reparaît. L'ombre projetée par une tige fixée verticalement tourne en revenant au même point toutes les 24 heures. Sa longueur varie et va en diminuant lentement jusqu'au 21 juin où elle est plus courte qu'à toute autre époque; mais à ce moment elle est encore très-étendue.

76. L'obscurité n'est pas complète immédiatement après que le soleil a disparu. Sa lumière quoique ne pouvant plus arriver directement à nos yeux se répand dans les parties supérieures de l'atmosphère situées du côté du couchant et les rend lumineuses. Cet éclat s'affaiblit peu à peu à mesure que le soleil descend de plus en plus au-dessous de l'horizon, jusqu'à ce qu'il en soit assez éloigné pour qu'aucun

rayon ne puisse éclairer les couches de l'atmosphère qui sont au-dessus. Alors la
nuit commence. Cette lueur qui la précède à partir du coucher du soleil est le
crépuscule. Il y a aussi un crépuscule du matin avant le lever du soleil, on l'appelle
aurore. D'après le temps qui s'écoule entre le coucher du soleil et le moment où
apparaissent les étoiles les moins brillantes, on estime que le crépuscule ne finit que
lorsque le soleil est arrivé à 18° au-dessous de l'horizon.

Le crépuscule n'a pas la même durée dans tous les lieux. Elle va en augmentant
depuis l'équateur où elle est minimum $1^h\frac{1}{2}$ environ jusqu'au pôle où elle est de
plusieurs fois 24 heures. Il est facile de se rendre compte de cette inégalité. Car si
l'on mène la droite XX' (Fig 26) parallèle à l'axe PP' à une distance PX égale à 18°,

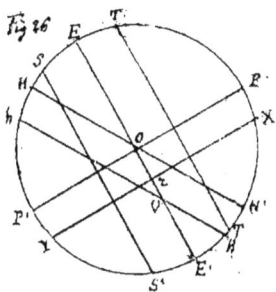

Fig 26

et hh' parallèle à l'horizon HH' d'un lieu et à une
distance Hh égale aussi à 18°, on voit qu'à le jour de
l'équinoxe le crépuscule durera à l'équateur pendant
que le soleil décrira au-dessous de PP' horizon de l'équateur l'arc de parallèle représenté par Oz. En un autre
lieu situé au nord et ayant HH' pour horizon, le
crépuscule au même jour sera le temps que le soleil emploiera à décrire l'arc de
parallèle représenté par OS. Ainsi que sa durée est le temps pendant lequel le soleil
décrit tous les parallèles compris au sud entre l'équateur et celui qui en est à 18°.

77. Tous les points de la surface de la terre compris entre les deux tropiques ont
le soleil à leur zénith à midi deux fois par an, excepté aux tropiques mêmes où
il n'y est qu'une fois, le jour du solstice d'été au tropique du cancer, et le jour du
solstice d'hiver pour le tropique du Capricorne. Cette portion de la surface de la terre
est appelée zône torride.

Les deux parties situées dans chaque hémisphère entre le tropique et le cercle
polaire sont les deux zônes tempérées. Le jour le plus long de l'année n'y dépasse
pas 24 heures. Les deux calottes situées aux deux pôles et terminées au cercle polaire
sont les zônes glaciales. Le jour le plus long de l'année y a une durée comprise

intre 24 heures et 6 mois.

78. La différence de température qu'on observe dans ces zônes provient de l'inclinaison plus ou moins grande avec laquelle les rayons du soleil y tombent à midi. Plus leur direction se rapproche de la verticale, plus ils échauffent le sol; plus ils sont obliques, moins ils lui communiquent de chaleur. En effet considérons un faisceau de rayons solaires passant par une petite ouverture et tombant sur une surface qui leur est perpendiculaire; ils y couvrent un petit espace circulaire. Si cette surface devient oblique à la direction des rayons, comme la surface d'un plancher, la petite image blanche circulaire s'allonge en forme d'ellipse en conservant la même largeur. Par conséquent la même quantité de chaleur se répandant la seconde fois sur une surface plus grande que la première, chaque point reçoit moins de chaleur que précédemment. On peut ajouter que des rayons très-obliques à la surface du sol y glissent pour ainsi dire sans y pénétrer, et ainsi l'échauffent très-peu. Dans la zône torride les rayons solaires à midi n'ont jamais une direction bien différente de la verticale; dans les zônes glaciales ils sont toujours très-obliques. De là la température élevée qui se fait sentir dans la première, et le froid rigoureux qui règne dans les deux autres.

Quant aux différences de température des quatre saisons dans un lieu donné elles s'expliquent de la même manière. En France par exemple dans la zône tempérée, les rayons solaires sont à midi moins obliques au solstice d'été qu'à tout autre jour de l'année. A partir de ce moment ils vont en s'inclinant de plus en plus jusqu'au solstice d'hiver, époque à partir de laquelle le soleil remontant dans l'hémisphère nord l'obliquité de ses rayons diminue.

§VI. Diamètre apparent du soleil. — Orbite solaire. — Lois du mouvement du soleil. — Inégalité des saisons.

79. Jusqu'à présent nous avons considéré les phénomènes solaires comme si le soleil était placé parmi les étoiles sur la sphère céleste. Il est beaucoup

moins éloigné de nous, et la courbe qu'il décrit sur le plan de l'écliptique en vertu de son mouvement propre est bien moins étendue que la circonférence de ce cercle. C'est ce qu'il s'agit d'étudier maintenant.

Rappelons d'abord qu'un objet nous paraît d'autant plus petit que la distance qui nous en sépare est plus grande. L'angle formé par deux lignes droites partant de l'œil et aboutissant aux deux extrémités de l'objet est l'angle visuel sous lequel on l'aperçoit. Si l'objet est à une très-grande distance on peut admettre que l'angle visuel varie à peu près en raison inverse de la distance, c'est-à-dire qu'il devient 2 fois, 3 fois plus petit lorsque la distance devient 2 fois, 3 fois plus grande.

L'angle visuel sous lequel on voit le soleil est son diamètre apparent. On peut le mesurer en prenant à midi la distance zénithale du bord supérieur et celle du bord inférieur, et en les corrigeant de l'erreur due à la réfraction. La différence de ces deux quantités est le diamètre apparent de l'astre. Ce diamètre n'est pas constant ; il varie entre 32' 36" et 31' 30". C'est vers le 1er janvier qu'il est maximum et vers le 1er juillet qu'il est minimum. Le soleil est donc plus près de nous en hiver qu'en été. En rapprochant les variations du diamètre apparent de celles de sa vitesse angulaire sur l'écliptique (68), on voit que le mouvement du soleil est plus rapide quand il est à la plus petite distance de la terre, et qu'il se ralentit à mesure qu'il s'éloigne.

80. C'est par la connaissance du diamètre apparent du soleil et de sa vitesse angulaire pour chaque jour sidéral qu'on peut construire la courbe qu'il décrit dans l'espace.

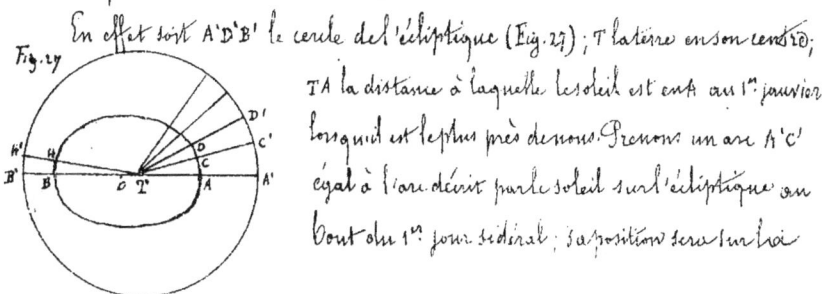
Fig. 27

En effet soit A'D'B' le cercle de l'écliptique (Fig. 27) ; T la terre en son centre ; TA la distance à laquelle le soleil est en A au 1er janvier lorsqu'il est le plus près de nous. Prenons un arc A'C' égal à l'arc décrit par le soleil sur l'écliptique au bout du 1er jour sidéral ; sa position sera sur la loi droite TC' à une distance de T un peu plus grande que TA, puisque le lendemain son diamètre apparent est un peu moins grand que la veille. Or le rapport entre cette distance et la ligne TA est égal au rapport inverse des diamètres apparents que l'astre présente le 1er janvier et le 2 janvier, au commencement et à la fin du premier jour sidéral. En désignant par x la distance cherchée, par Δ le diamètre apparent au 1er janvier, par δ le diamètre apparent le lendemain, on a

$$\frac{x}{TA} = \frac{\Delta}{\delta} \quad \text{d'où} \quad x = TA \times \frac{\Delta}{\delta}.$$ En remplaçant Δ et δ par leurs valeurs numériques trouvées par l'observation, on obtient les distances TC, TD ... TH, etc. On tire ensuite un trait continu par tous les points A, C, D ... H, B, et on a ainsi l'orbite décrite par le soleil.

En soumettant ce problème au calcul, afin d'avoir des résultats plus exacts que par une construction graphique, on a reconnu que cette courbe est une ellipse dont l'un des foyers T est occupé par la terre.

81. On nomme *périgée* le point A où le soleil est à sa plus petite distance de la terre, et *apogée* le point B où il est à sa plus grande distance. Ces deux points sont aussi désignés par les noms de *périhélie* et *aphélie*. La droite AB est le grand axe de l'ellipse; son milieu O en est le centre.

Il faut maintenant déterminer l'excentricité de cette ellipse, c'est-à-dire la distance entre le centre O et le foyer T. Voici le moyen le plus simple, quoiqu'il ne soit pas le plus exact. Le diamètre apparent au périgée A est 32'36" en 1956"; celui à l'apogée B est 31'30" en 1890". On a donc la proportion $\frac{TA}{TB} = \frac{1890}{1956}$ on en tire $\frac{TA}{TB+TA} = \frac{1890}{1956+1890}$ ou $\frac{TA}{BA} = \frac{1890}{3846}$ d'où $TA = BA \times 0,491$.

Ainsi la distance périgée TA est égale à 491 fois la millième partie du grand axe et par conséquent à 982 fois la millième partie du demi-grand axe OA. Donc l'excentricité OT égale 1000 fois moins 982 fois c'est-à-dire 18 fois la millième partie du demi grand axe OA. Ce résultat est un peu trop fort; par d'autres méthodes plus exactes on trouve seulement seulement 17 millièmes. Par conséquent si l'on construisait une ellipse ayant un demi-grand-axe de 1 mètre pour représenter l'orbite solaire, le foyer serait seulement à 17 millimètres du centre. Cette ellipse ne diffère donc pas beaucoup d'un cercle.

82. Il importe encore de savoir quelle est la position de cette ellipse sur le plan de l'écliptique. Pour cela on a cherché la longitude du soleil à l'apogée, c'est-à-dire

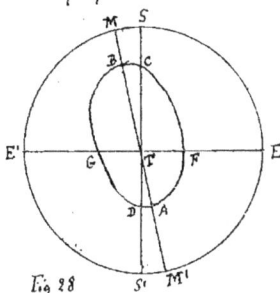

Fig 28

l'arc d'écliptique compris entre le point vernal d'occident en orient et le point occupé par le soleil au moment où son diamètre apparent est minimum. Actuellement M est égale à $100° \frac{1}{2}$.

Soit donc ESE'S' l'écliptique (Fig. 28); EE' la ligne des équinoxes, E étant le point vernal; SS' la ligne des solstices. Prenons à partir de E et d'occident en orient l'arc EM égal à $100° \frac{1}{2}$, le grand axe de l'ellipse aura la direction MM' et l'apogée sera entre T et M. L'orbite solaire a donc sur l'écliptique la position A F B G.

83. Il est maintenant facile de comprendre pourquoi les saisons ont des durées inégales. En effet l'arc décrit par le soleil pendant le printemps est FC; celui de l'été est CG; celui de l'automne est GD, et celui de l'hiver est DF. Or ces quatre arcs sont inégaux; de plus le soleil les parcourt avec des vitesses différentes.

La durée des saisons n'est pas constante. Car le point vernal E se meut lentement de E vers M' en vertu de la précession des équinoxes avec une vitesse de 50" par an, et par conséquent les quatre arcs de l'orbite correspondant aux quatre saisons varient de grandeur

84. C'est Képler qui reconnut la forme elliptique de l'orbite solaire. Il découvrit aussi la loi du mouvement varié avec lequel le soleil la parcourt. En comparant les vitesses angulaires du soleil avec les diamètres apparents correspondants, il remarqua après beaucoup de tâtonnements que ces vitesses sont sensiblement proportionnelles aux carrés des diamètres apparents. De là il déduisit par des considérations géométriques que le mouvement s'effectue de telle sorte que les secteurs ATC, CTD, DTF...

(Fig 27; page 81) décrits chacun en un jour sidéral par le rayon vecteur TA mené de la terre au soleil ont des surfaces égales. Les lois du mouvement solaire sont ainsi énoncées : 1° Le soleil décrit dans son mouvement propre d'occident en orient une ellipse dont la terre occupe un foyer. — 2° Les aires décrites par le rayon vecteur mené de la terre au soleil sont proportionnelles aux temps employés à les décrire.

§VII. Parallaxe. — Distance du soleil à la terre. — Rayon du soleil; son volume; sa masse.

85 Nous avons déjà remarqué plusieurs fois que lorsqu'il s'agissait des étoiles, il était indifférent qu'on fût placé en tel ou tel point de la surface de la terre pour les observer. Il n'en est pas de même pour les astres plus rapprochés de nous comme le soleil. Deux observateurs le regardant de deux lieux différents ne verront pas son centre se projeter au même point sur la sphère céleste.

Soit par exemple o le centre de la terre (Fig. 29); A et B deux points de sa

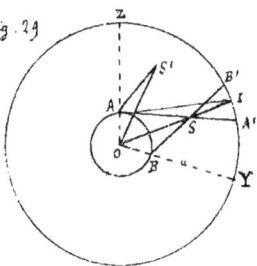
Fig. 29

surface, et S le soleil. Du point A on le voit en A' sur la sphère céleste, et de B on le voit en B'; du centre on le verrait en I. Pour l'observateur qui est en A la distance zénithale du soleil serait l'arc Z A' et pour l'observateur en B elle serait l'arc Y B'; ils ne trouveraient donc pas au même instant la

même déclinaison pour le centre du soleil. Pour éviter la confusion qui en proviendrait il est convenu que les résultats des observations faites en divers lieux seront remplacés par ceux qu'on obtiendrait si l'on était placé au centre de la terre. Ainsi de la position A' observée au lieu A on devra déduire la position I qui serait observée du centre. Cet arc A'I est la parallaxe du soleil pour le point A.

On appelle donc parallaxe du soleil, pour un point donné de la terre le déplacement qu'éprouve la position apparente de cet astre sur la sphère céleste lorsqu'on l'observe de ce point au lieu de l'observer du centre de la terre.

Cette parallaxe A'I est mesurée par l'angle A'AI; car le sommet A est aussi bien le centre de la sphère céleste que le point o. De plus les droites AI et OI peuvent

être regardées comme parallèles, à cause de l'immense distance du point I ;
l'angle A'AI est donc égal à l'angle ASO. C'est pour cela qu'on définit ordinairement la parallaxe de la manière suivante : La parallaxe astre pour un point donné de la terre est l'angle sous lequel un observateur placé au centre de l'astre verrait le rayon terrestre mené en ce point.

Si le soleil est au zénith de l'observateur, il n'y a point de parallaxe ; car du point A on le voit en Z comme du point O. A mesure qu'il s'éloigne du zénith, la parallaxe augmente ; par exemple en S la parallaxe ASO est plus grande qu'en S' où elle est l'angle AS'O. Elle est maximum quand le soleil est à l'horizon. C'est toujours de la parallaxe horizontale qu'il est question quand on dit simplement la parallaxe ; les autres sont appelées parallaxes de hauteur.

86. L'effet de la parallaxe est de faire trouver une distance zénithale trop grande. Quand le soleil est en S sa distance zénithale pour l'observateur placé en A est ZA' tandis que pour le centre O elle est seulement ZI. Cet effet est inverse de celui de la réfraction. La parallaxe est sans influence sur les ascensions droites.

Les astronomes ont construit des tables indiquant les parallaxes de hauteur du soleil pour telle ou telle distance zénithale, comme pour les réfractions. A l'aide de ces tables ils peuvent arriver aux mêmes résultats que si leurs observations étaient faites du centre de la terre.

La mesure de la parallaxe du soleil est une opération fort délicate, parce que cette parallaxe est très peu considérable. On n'est parvenu à la déterminer que par l'observation d'un phénomène analogue aux éclipses, le passage de la planète Vénus au devant du disque du soleil en 1761 et 1769. On trouva alors 8″½ environ. Le 1ᵉʳ passage après celui de 1769 aura lieu en 1874 et le suivant en 1882.

87. C'est la parallaxe du soleil qui a fourni le moyen de calculer la distance de cet astre à la terre. En effet soit A un point de la surface de la terre dont le centre est T (Fig. 30), et S le soleil à l'horizon du lieu A. Dans le triangle rectangle ATS on connaît le rayon TA de la terre, et l'angle aigu S qui n'est autre chose que

86

la parallaxe du soleil. Par le calcul trigonométrique on trouve que la distance

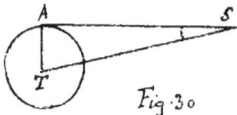

Fig. 30

TS du centre de la terre au centre du soleil est égale en moyenne à 24 000 fois le rayon terrestre, ce qui fait 38 millions de lieues (de 4 kilomètres).

La distance périgée est égale à 38 000 000 moins 17 millièmes de cette distance. Elle est donc égale à 38 000 000ˡ — 646 00ˡ ou 37 354 000 lieues.

La distance apogée est 38 000 000 + 646 00ˡ ou 38 646 000 lieues.

Ainsi en été le soleil est plus éloigné de la terre qu'en hiver de plus de 1200 mille lieues.

88. C'est encore par la parallaxe qu'on peut déterminer le rayon du soleil.

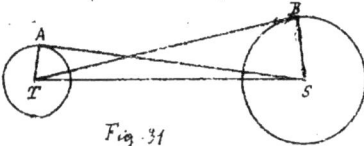

Fig. 31

En effet soit T la terre (Fig. 31) et S le soleil. La parallaxe AST n'est autre chose que le demi-diamètre apparent de la terre vue du soleil et qui est égal à 8″,5 ; l'angle BTS est le demi-diamètre apparent du soleil vu de la terre, c'est-à-dire à la même distance. A la distance moyenne du soleil ce demi-diamètre a 16′3″ ou 963″.

Les rayons du soleil et de la terre sont proportionnels à ces demi-diamètres apparents. En désignant par R le rayon du soleil, par r celui de la terre, on a donc $\frac{R}{r} = \frac{8,5}{963}$ d'où $R = r \times \frac{963}{8,5}$ ou $R = 112 r$.

Ainsi le rayon du soleil égale 112 fois celui de la terre.

D'après la géométrie le volume du soleil est égal a 1 400 000 fois celui de la terre.

Par des considérations que nous ne pouvons pas exposer ici et qui sont fondées sur la théorie de l'attraction universelle on trouve que la masse du soleil vaut 355 000 fois celle de la terre. On en déduit qu'un corps à la surface du soleil a un poids 28 fois plus grand qu'à la surface de la terre.

§ VIII. Mouvement propre du soleil attribué à la terre. — Taches du soleil ; sa rotation.

89. En se rappelant que le mouvement diurne n'est qu'une apparence

due au mouvement de rotation de la terre sur elle-même, on peut se demander si le mouvement propre du soleil, tel qu'on vient de l'étudier, ne serait pas aussi une illusion de nos sens, et si on ne pourrait pas l'attribuer à la terre. Cette idée est suggérée par des faits qui se passent fréquemment près de nous.

Supposons par exemple un arbre isolé au milieu d'une vaste plaine qui est limitée au loin par des bois, des maisons, etc., et une voiture entraînée circulairement dans la plaine à une certaine distance de l'arbre. Un voyageur assis dans la voiture verrait successivement l'arbre dans la direction des divers points qui bordent la plaine, et s'il ne pense pas que c'est lui-même qui est en mouvement, il lui semblera que c'est l'arbre qui a tourné autour de lui. On pourrait de même regarder la terre comme un véhicule qui nous emporte avec une grande vitesse autour du soleil immobile, sans que nous ayons conscience de cette marche rapide à travers l'espace; les divers points du ciel qui appartiennent à l'écliptique seraient comme les points qui bordent la plaine.

En étudiant la question on prouve que les apparences restent exactement les mêmes, si le soleil étant immobile la terre décrit annuellement autour de lui d'occident en orient et avec la même vitesse une ellipse identique avec l'ellipse solaire. Cette hypothèse a pour elle une bien plus grande probabilité. En effet la masse du soleil étant 355 000 fois plus grande que celle de la terre, il ne semble pas naturel que celle-ci soit le centre du mouvement d'un corps dont la masse lui est si supérieure. En outre les planètes tournant autour du soleil, on aurait en supposant la terre immobile, un système compliqué de corps se mouvant autour du soleil, tandis que le soleil tournerait lui-même autour de la terre. Assurément cela n'était pas plus difficile au Créateur de l'univers, mais entre deux hypothèses si différentes, le bon sens nous force d'adopter la plus simple.

Ainsi le soleil est immobile, et la terre tourne autour de lui d'occident en orient dans l'espace d'une année en décrivant une ellipse dont le soleil occupe un foyer, tout en tournant sur elle-même dans le même sens en 24 heures.

90. Dans cette hypothèse la circonférence de l'écliptique est décrite par l'extrémité de la ligne droite menée du centre du soleil par le centre de la terre jusqu'à la sphère céleste. En même temps qu'elle marche sur son orbite elliptique, la terre tourne en 24 heures autour d'un axe passant par son centre, incliné de 66°33' sur le plan de l'écliptique, et restant sensiblement parallèle à lui-même dans ce mouvement de translation. Cet axe est l'axe du monde, et l'équateur qui lui est perpendiculaire fait constamment avec le plan de l'écliptique un angle de 23°27'.

Il serait facile de se mettre ce mouvement sous les yeux. Sur une table elliptique plaçons dans la direction de son grand axe et tout près du centre une bille qui représentera le soleil, et sur le bord une petite orange traversée en son milieu par une aiguille de bas inclinée sur le plan de la table d'un angle de 66°33'. Imaginons que l'orange tourne autour de cette aiguille en 24 heures de droite à gauche pour un observateur placé le long de l'aiguille, et qu'elle fasse en même temps le tour de la table dans le même sens en 365 $\frac{1}{4}$, l'aiguille restant constamment parallèle à elle-même. L'équateur sera la circonférence tracée à la surface de l'orange à égale distance des deux points où sa surface est percée par l'aiguille. Le plan de cette circonférence fera toujours avec celui de la table un angle de 23°27'. Cette orange sera l'image de la terre obéissant à ses deux mouvements.

91. Pour rendre la représentation plus fidèle, ajoutons quelques mots. L'aiguille est l'axe du monde. Or nous savons que son extrémité qui est le pôle se déplace lentement autour du pôle de l'écliptique. Il faut donc encore supposer que l'aiguille au lieu de rester invariablement parallèle à elle-même dans le mouvement de translation de la terre se meut lentement dans le sens rétrograde avec une vitesse de 50" par an autour d'une droite perpendiculaire au plan de l'écliptique et faisant constamment avec elle un angle de 23°27'. C'est le phénomène de la précession des équinoxes.

92. Le soleil n'est pas complètement immobile. On a observé à sa surface des

des taches qui se montrent d'abord sur le bord oriental, s'avancent chaque jour du côté opposé où elles disparaissent au bout de $13^{d}\frac{1}{2}$ environ, pour reparaître $13^{d}\frac{1}{2}$ après et continuer le même mouvement.

L'étude de ce phénomène a conduit les astronomes à admettre que le soleil possède un mouvement uniforme de rotation sur lui-même autour d'un axe qui est presque perpendiculaire au plan de l'écliptique, et qu'il accomplit cette révolution en 25 jours quoiqu'il s'écoule 27 jours entre le moment où une tache s'est montrée au bord oriental et le moment où elle y reparaît. Cette différence vient de ce que la terre s'étant déplacée pendant ce temps sur son orbite, la tache a à parcourir un peu plus que la circonférence pour reparaître au point du disque où on l'avait d'abord observée. Le sens du mouvement est direct.

Quant à la nature de ces taches, à la constitution du soleil, à la production de la lumière et de la chaleur qu'il nous envoie, on ne sait rien de certain. Jusqu'à présent on avait admis d'après Herschell que le soleil était composé d'un globe solide, obscur, placé au centre d'une atmosphère nuageuse, enveloppée elle-même d'une autre atmosphère qui aurait été la source de chaleur et de lumière. Mais cette hypothèse est fortement mise en doute par des expériences récentes faites sur le spectre solaire, c'est-à-dire sur l'image colorée que produit la lumière blanche du soleil après avoir traversé un prisme de verre. D'après les résultats qu'elles ont donnés, le soleil pourrait être regardé comme un globe liquide incandescent, entouré d'une atmosphère moins lumineuse et moins incandescente, contenant à l'état de vapeur plusieurs métaux tels que le fer, le cuivre, le nickel, l'aluminium, le sodium, le potassium, etc. On n'y a pas découvert l'or, l'argent, le mercure, le plomb.

Chapitre IV.

La lune

§ I. Généralités sur la lune. — Mouvement propre. Nœuds de la lune. — Révolution sidérale.

93. La lune présente un diamètre apparent à peu près de même grandeur que celui du soleil. Elle est beaucoup moins lumineuse ; car nos yeux peuvent en supporter l'éclat sans fatigue. Elle est un corps opaque analogue à la terre, elle reçoit du soleil la lumière qu'elle nous envoie. Nous en verrons la preuve dans l'explication de ses phases, c'est-à-dire des changements de forme que subit périodiquement son disque.

94. Commençons d'abord par faire observer que le lever de la lune retarde chaque jour de près de 1 heure. Par conséquent tout en obéissant au mouvement diurne, elle a un mouvement propre dirigé d'occident en orient comme celui du soleil, mais beaucoup plus rapide. Si en opérant comme pour le soleil (55), on mesure tous les jours l'ascension droite et la déclinaison du centre de la lune, qu'on marque sur un globe céleste les positions observées, et qu'on fasse passer un trait continu par tous ces points, on voit que la ligne que cet astre semble parcourir sur la sphère céleste est un grand cercle faisant avec l'écliptique un angle d'environ 5° 9'. La lune est donc pendant une moitié de sa révolution au nord de l'écliptique et pendant l'autre moitié au sud. Le cercle décrit par la lune coupe l'écliptique suivant un diamètre de la sphère céleste. L'une des extrémités de ce diamètre est le point où la lune traverse l'écliptique pour passer de l'hémisphère sud dans l'hémisphère nord, c'est le nœud ascendant, l'autre où elle passe pour aller du nord au sud et le nœud descendant. Les nœuds sont tout à fait analogues aux points équinoxiaux. On détermine leur position de la même manière, en cherchant le moment où la distance de la lune à l'écliptique, c'est-à-dire sa latitude est nulle. Les nœuds ont aussi un mouvement rétrograde semblable à celui qui amène la précession des équinoxes.

Seulement il est beaucoup plus rapide; car ils accomplissent leur révolution sur l'elliptique en $18^{ans}\frac{2}{3}$.

95. D'après ce qui précède, on comprend que si la lune passe au méridien en même temps qu'une étoile un certain jour, le lendemain elle retarde depuis d'1 heure sur l'étoile, le surlendemain de 2 heures et ainsi de suite, de telle sorte que la lune et l'étoile finissent par se retrouver ensemble au méridien. Le temps qui s'écoule entre ces deux passages simultanés de la lune et de l'étoile au méridien est appelé révolution sidérale de la lune. Sa durée est de 27 jours $\frac{1}{3}$.

§II. Phases de la lune. — Révolution Synodique.

96. A une certaine époque on voit la lune se lever vers les 6 heures du soir sous la forme d'un cercle lumineux : c'est la pleine lune. Elle passe alors au méridien à minuit et se couche le matin, nous éclairant ainsi pendant toute la nuit. De jour en jour elle se lève de plus en plus tard; en même temps son disque s'aplatit graduellement sur le bord qui est à l'opposé du soleil et au bout de 7 jours elle se lève à minuit avec l'aspect d'un demi-cercle lumineux : c'est le dernier quartier.

A partir de ce moment le demi-cercle se creuse d'un jour à l'autre de manière que la lune ressemble à un croissant qui se rétrécit continuellement en conservant toujours une étendue d'une demi-circonférence. Enfin 7 jours après le dernier quartier, ou environ 15 jours après la pleine lune, elle se lève le matin privée de tout éclat, et si peu visible qu'on ne parvient à la distinguer qu'avec un peu d'attention. C'est la nouvelle lune désignée aussi par le nom de néoménie.

Après cette phase elle présente les mêmes apparences que de la nouvelle lune au dernier quartier. Au bout de 7 jours on la voit de nouveau sous la forme d'un demi-cercle lumineux : c'est le premier quartier. Elle se lève à midi et se couche à minuit. Puis le demi-cercle s'arrondit de plus en plus, et enfin 15 jours après la nouvelle lune on voit reparaître la pleine lune. Ainsi depuis la pleine lune jusqu'à la nouvelle lune l'astre passe par les mêmes phases que depuis la nouvelle lune jusqu'à la pleine lune mais en sens inverse.

97 Ces variations de la forme du disque lunaire s'expliquent sans difficulté si l'on se rappelle que la lune est un corps sphérique, opaque, tournant autour de la terre en 27j⅓ et beaucoup moins éloigné de nous que le soleil.

On peut d'abord s'en faire très-simplement une idée. Pour cela prenons dans un appartement deux points opposés. Plaçons à l'un une lampe qui représentera le soleil, et à l'autre pour représenter la terre le sommet d'une tige où l'on supposera que l'œil est appliqué. Imaginons de plus qu'une boule se meuve sur une circonférence ayant pour centre le sommet de la tige et un rayon plus petit que la distance de ce point à la lampe, une moitié de cette circonférence étant un peu au-dessus de la ligne droite qui mesure cette distance et l'autre moitié un peu au-dessous. Cette boule est l'image de la lune. Il n'y a jamais qu'une de ses deux moitiés qui est éclairée par la lampe.

Lorsque la boule se trouve entre la lampe et le sommet de la tige, on ne voit que la moitié obscure, c'est la nouvelle lune. Quand elle a parcouru à partir de ce point le quart de la circonférence, la face qu'elle présente à l'œil se compose de la moitié de la moitié de l'hémisphère éclairé et de la moitié de l'hémisphère obscur : on a le premier quartier. Au bout d'une demi-circonférence, la boule se trouve au-delà de la tige et lui montre sa face éclairée ; c'est la pleine lune. Enfin quand elle a parcouru les ¾ de la circonférence, on ne voit comme au premier quartier que la moitié de l'hémisphère éclairé et la moitié de l'hémisphère obscur : c'est le dernier quartier.

98 Soit maintenant la terre T et le soleil S (Fig. 32) situés sur le plan du papier qui

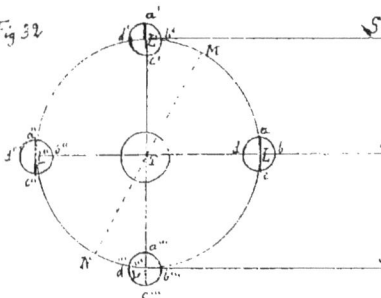

Fig 32

est ainsi le plan de l'écliptique. La circonférence L L' L" L'" qui représente l'orbite de la lune ne coincide pas avec le plan de la figure ; elle le coupe suivant une droite MN qui est la ligne des nœuds en faisant avec lui un angle

de 5° environ, et ayant une de ses deux moitiés en avant du plan et l'autre derrière. Cette droite MN n'a pas constamment la même position sur le plan de l'écliptique ;

elle change peu à peu de place et effectue une révolution entière autour du point T en 18 ª ⅔. Le soleil est assez éloigné de la terre et de la lune pour qu'on puisse regarder comme parallèles entre eux les rayons qu'il envoie sur la lune. La moitié de la lune éclairée sera toujours déterminée au moyen d'un plan mené par son centre et perpendiculaire à la droite qui joint ce centre à celui du soleil. On fait de même pour trouver la moitié de la lune vue de la terre.

Cela posé, la figure montre assez clairement sans qu'il soit nécessaire de répéter les explications précédentes, quand il y a nouvelle lune en L; car la moitié éclairée de la lune est abc et la moitié obscure adc est en face de la terre. En L' l'hémisphère d'c'b' vu de la terre est éclairé sur sa moitié b'c' et obscur sur l'autre moitié c'd'; la lune est au 1er quartier. En L" la moitié éclairée a"b"c" est du côté de la terre; il y a pleine lune. En L"' comme en L' on ne voit de la terre que la moitié a"'b"' de l'hémisphère éclairé et la moitié a"'d"' de l'hémisphère obscur; c'est le dernier quartier.

On donne le nom de conjonction à la position L qu'occupe la lune, quand elle est nouvelle, entre la terre et le soleil. On donne le nom d'opposition à celle qu'elle occupe en L" au-delà de la terre quand il y a pleine lune. La conjonction et l'opposition sont encore appelées syzygies. Les positions L' et L"' de la lune au 1er quartier et au dernier quartier sont les quadratures.

99. Dans l'explication des phases nous avons raisonné comme si la terre était immobile. Il n'en est pas ainsi, et pendant la période des phases elle parcourt autour du soleil environ la 13e partie de son orbite. Ce déplacement n'altère en rien la théorie précédente; il ne fait qu'augmenter un peu la durée qu'aurait cette période dans le cas où la terre resterait au même point. En effet soit S le soleil au centre

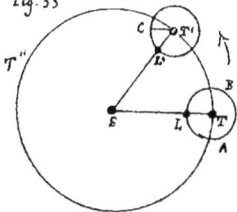
Fig. 33

de l'orbite TT'T" de la terre T (Fig 33) et L la lune en conjonction. Pendant que la lune tourne autour de la terre sur son orbite LAB, la terre s'avance aussi dans le même sens, et soit T' le point où elle est arrivée quand la lune se retrouve en conjonction en L'. Tirons T'c parallèle

parallèle à TL. La lune a effectué une révolution entière quand elle est arrivée en c ; mais pour la terre qui est en T', elle n'est pas encore nouvelle, elle est seulement à une phase comprise entre le dernier quartier et la nouvelle lune. Pour revenir à la conjonction en L' elle a donc parcouru une circonférence plus L'are c L' qui contient le même nombre de degrés que l'arc TT' dont la terre s'est avancée pendant le même temps. C'est exactement la même cause qui donne une durée de 27 jours à la révolution des taches du soleil (92), tandis que sa rotation s'accomplit en 25 jours.

Le temps qui s'écoule entre deux nouvelles lunes consécutives s'appelle révolution synodique de la lune. Sa durée est de $29^{j}\frac{1}{2}$; celle de la révolution sidérale est seulement de $27^{j}\frac{1}{3}$.

100. Au moment de la nouvelle lune, la moitié de cet astre qui est tournée du côté de la terre ne recevant point de lumière du soleil devrait avoir l'aspect d'un disque noir. Il présente au contraire une teinte pâle comme celle d'un petit nuage blanchâtre. En se reportant à la Fig. 32 on comprendra pourquoi il en est ainsi. En effet quand la lune est en L, la moitié de la terre éclairée par le soleil rayonne de la lumière dans l'espace ; celle qui tombe sur la lune éclaire légèrement la moitié de cet astre qui est du côté de la terre, et lui donne ce faible éclat qu'on désigne par le nom de lumière cendrée. S'il y avait des habitants dans la lune, la terre leur présenterait des phases semblables à celles que nous observons. Ils auraient pleine terre quand nous avons nouvelle lune et réciproquement. Mais le cercle lumineux de la terre aurait un diamètre presque quadruple de celui que nous montre la lune.

101. Pour définir nettement la révolution synodique il ne suffit pas de dire que c'est le temps qui sépare deux nouvelles lunes consécutives ; il est indispensable de faire connaître le moment précis où commence cette période. Or au moment de la conjonction la lune se trouve entre la terre et le soleil, mais en général un peu en dehors de la ligne droite qui unit les centres de ces deux corps, et le demi-cercle mené par le soleil et les pôles qui se traverse passe aussi par le centre de la lune on prend pour le moment précis de la conjonction, c'est-à-dire pour l'origine de la révolution

synodique l'instant où ce demi-cercle passe à la fois par le centre de la lune et celui du soleil : ces deux astres ont alors la même longitude. De même le moment de l'opposition est celui où les centres des deux astres sont encore sur le même cercle passant par les pôles de l'écliptique, mais en des points opposés : alors leurs longitudes diffèrent de 180°.

102. La révolution synodique de la lune est aussi appelée lunaison ou mois lunaire. On fait le mois lunaire alternativement de 29 et de 30 jours. L'âge de la lune à un moment donné est le nombre de jours écoulés depuis le moment où a commencé la nouvelle lune jusqu'au jour considéré inclusivement. Quand on dit par exemple que la lune a 10 jours, cela signifie qu'elle est au 10ᵉ jour à partir de la nouvelle lune ; sa phase est donc comprise entre le 1ᵉ quartier et la pleine lune.

§III. Orbite de la lune. — Sa parallaxe. — Distance de la lune à la terre ; rayon ; volume ; masse.

103. Le cercle que la lune semble décrire sur la sphère céleste en vertu de son mouvement propre autour de la terre n'est pas la ligne qu'elle parcourt réellement dans l'espace. Cette ligne, autrement dite son orbite, est située sur le plan de ce cercle, mais elle en diffère considérablement.

Si l'on mesure le diamètre apparent de la lune, on trouve qu'il varie plus considérablement que celui du soleil ; sa valeur maximum est 33'34", et sa valeur minimum 29'26". La lune ne reste donc pas constamment à la même distance de la terre, et par conséquent son orbite n'est pas une circonférence. En opérant comme pour le soleil (80) on a reconnu que la lune décrit en 27ᵈ⅓ d'occident en orient une ellipse dont la terre occupe un foyer. L'excentricité de cette ellipse est presque le triple de celle de l'ellipse solaire ; elle est égale à 0,0548 ou $\frac{1}{18}$.

Le mouvement de la lune sur son orbite n'est pas non plus uniforme ; sa vitesse est maximum au périgée et minimum à l'apogée. Elle obéit à la même loi que le soleil, ou plutôt que la terre autour du soleil, c'est-à-dire que les aires décrites par le rayon vecteur mené du centre de la terre au centre de la lune sont

96

proportionnelles aux temps employés à les décrire.

104. Nous avons vu que les observations faites pour mesurer les distances zénithales du soleil doivent être corrigées des erreurs causées par la réfraction et la parallaxe. Les mêmes corrections doivent aussi être faites quand il s'agit de la lune. Cet astre étant plus rapproché de nous, sa parallaxe est plus considérable que celle du soleil. C'est même pour cette raison qu'on a pu la déterminer plus facilement.

Voici la marche qu'on a suivie. En deux points A et B de la terre (Fig. 34) situées pour plus de simplicité sur le méridien, deux observateurs mesurent en même temps les distances zénithales du centre de la lune au moment de son passage au méridien; l'un la distance zénithale ZAL et l'autre la distance zénithale YBL. De la valeur de ces

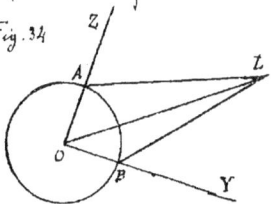

Fig. 34

angles on déduit celle de leurs suppléments LAO et LBO. Or dans le quadrilatère LAOB on connaît outre ces deux angles les deux rayons terrestres OA et OB et l'angle AOB qu'ils forment entre eux; car il est égal à la somme des latitudes des points A et B s'ils sont au nord et au sud de l'équateur, et à leur différence s'ils sont dans le même hémisphère. Avec ces quantités on peut construire le quadrilatère LAOB, et en tirant OL on a les angles ALO et BLO qui sont les parallaxes de hauteur de la lune relatives aux points A et B. Au moyen du calcul trigonométrique on arrive à des résultats plus exacts. On en déduit ensuite la valeur de la parallaxe horizontale.

Comme le rayon de la terre n'a pas une longueur constante, et que la distance de la lune à la terre varie aussi, la parallaxe horizontale n'a pas la même valeur dans tous les lieux et à toutes les époques. Pour l'équateur terrestre, et à la distance moyenne de la lune à la terre la parallaxe horizontale est de 57'.

105. C'est au moyen de la parallaxe qu'on est parvenu à connaître la distance de la lune à la terre et son rayon, en suivant la même méthode que pour le soleil. On a trouvé que la distance moyenne de la lune à la terre contient

60 fois le rayon terrestre ou 95000 lieues. D'après l'excentricité de l'ellipse lunaire, cette distance varie entre 56 fois et 64 fois le rayon terrestre.

Le rayon de la lune est à peu près les $\frac{3}{11}$ de celui de la terre ; c'est un peu plus que le $\frac{1}{4}$. Son volume est la 50e partie de celui de la terre.

Quant à sa masse on n'a pu la déterminer que d'une manière indirecte, par l'étude de plusieurs phénomènes et particulièrement de celui des marées. On admet qu'elle n'est que la 88e partie de celle de la terre. En tenant compte de cette masse et de la longueur du rayon de la lune, on trouve qu'à la surface de cet astre le poids d'un corps ne serait que la 6e partie de celui qu'il a à la surface de la terre.

§ IV. Rotation de la lune. — Absence d'atmosphère. — Montagnes. — État de la surface.

106. Lorsqu'on observe attentivement la lune avec une lunette ou même à l'œil nu, on aperçoit sur son disque des taches dont la forme et la position n'éprouvent aucun changement ; la lune nous présente donc toujours la même face. Il en résulte que tout en accomplissant sa révolution autour de la terre en $27^j\frac{1}{3}$, elle tourne sur elle-même dans le même temps. C'est ce que la comparaison suivante mettra en évidence. Qu'on décrive sur le sol une grande circonférence et qu'un homme marche sur cette ligne en regardant toujours un objet placé au centre. Quand il en a parcouru le quart, la direction de ses pieds fait un angle droit avec celle qu'ils avaient au point de départ. Quand il en a parcouru la moitié, la direction de ses pieds est complètement opposée à la première. Au quart de la circonférence l'homme a donc tourné sur lui-même d'un arc de 90° ; à la moitié il a tourné de 180°. Il accomplit ainsi sur lui-même un tour entier en revenant au point d'où il était parti. Ce mouvement de rotation de la lune est uniforme et dans le sens direct.

107. Ces taches ont longtemps été regardées autrefois comme des mers auxquelles on avait donné des noms empruntés aux mers de la terre. Mais on a reconnu depuis qu'il n'y a pas d'atmosphère autour de la lune, et par conséquent pas d'eau à sa surface ; car l'eau ne peut rester à l'état liquide dans un espace indéfini, lorsqu'aucun gaz ne

presse sur elle ; elle se réduirait en vapeurs. Exposons comment on est arrivé à cette découverte.

Nous savons déjà que la lumière du soleil en traversant notre atmosphère y éprouve une réfraction en vertu de laquelle nous voyons cet astre quelques instants avant qu'il soit réellement sur l'horizon, et le soir quelque temps encore après qu'il est déjà descendu au-dessous (14). Dans sa marche la lune passe souvent devant telle ou telle étoile et nous la cache momentanément : c'est ce qu'on appelle occultation. La vitesse de la lune étant connue, on peut calculer la durée que doit avoir par exemple l'occultation d'une étoile qui doit passer d'un bord à l'autre de la lune dans la direction du centre. Si la lune était environnée d'une atmosphère, on verrait encore l'étoile après qu'elle serait déjà cachée par le disque de la lune et quelques instants avant qu'elle l'eût entièrement dépassé, et la durée de l'occultation observée serait moindre que celle indiquée par le calcul. Or on ne trouve pas de différence sensible entre ces deux durées ; il n'y a donc pas d'atmosphère à la surface de la lune. Cette absence d'atmosphère et d'eau s'oppose à ce que la lune soit habitée par des êtres vivants ou tout au moins organisés comme ceux qui sont à la surface de la terre.

108. Si l'on se sert d'une bonne lunette qui rapproche pour ainsi dire la lune à quelques lieues de nous, sa surface paraît couverte d'inégalités qui sont surtout apparentes sur la ligne de séparation entre la partie éclairée et la partie obscure ; car cette ligne est toujours plus ou moins dentelée. De plus on distingue sur la partie éclairée et dans le voisinage de cette ligne des taches qui s'allongent à l'opposé du soleil et qui augmentent ou diminuent d'étendue dans l'espace de quelques jours. ce sont des ombres projetées par des montagnes. On aperçoit en même temps sur la partie obscure quelques points lumineux : ce sont des sommets d'autres montagnes assez élevées pour que leur tête soit éclairée par le soleil lorsque leur base est déjà dans l'ombre. Ces montagnes sont très-nombreuses et affectent généralement la forme de chaînes circulaires, circonscrivant comme par un immense bourrelet des vallées au milieu desquelles on voit souvent une autre montagne isolée comme une pyramide.

Quant aux taches permanentes qui ont fait découvrir la rotation de la lune sur elle-même, ce sont de vastes espaces unis qui ne réfléchissent pas aussi bien que les espaces voisins la lumière qui leur vient du soleil, de même que sur la terre une plaine sablonneuse paraît au loin assez blanche, tandis qu'une terre sombre semble toujours noirâtre.

En mesurant la longueur des ombres et quelques autres distances, on est parvenu à calculer la distance du sommet d'une montagne au centre de la lune, et en en retranchant le rayon de cet astre, on a obtenu la hauteur de la montagne au-dessus de la surface. On a ainsi trouvé 22 montagnes plus élevées que le Mont-Blanc dont la hauteur est de 4800 mètres. Deux astronomes allemands se sont occupés spécialement de cette question ; ils ont en même temps construit une belle carte de l'hémisphère de la lune qui regarde la terre.

Pour résumer l'idée qu'on peut se faire de la surface de la lune, on peut la comparer à celle de certaines parties de l'Auvergne où le sol nu et sans végétation a été violemment tourmenté et est hérissé de cratères de volcans éteints. Mais les cratères lunaires sont trop vastes pour qu'il soit possible de leur attribuer une origine volcanique comme à ceux de la terre.

§ V. Éclipses de lune. — Cône d'ombre ; pénombre.

109. Il arrive quelquefois à l'époque de la pleine lune que le disque lumineux s'éclaire peu à peu sur l'un de ses bords, comme si un voile circulaire s'avançait graduellement au-devant de lui, de manière à en recouvrir une partie de plus en plus grande. Le disque prend alors successivement et en peu de temps les divers aspects des phases, et peut même devenir tout entier obscur. C'est le phénomène qu'on appelle éclipse de lune. Il provient de ce que la lune étant au-delà de la terre par rapport au soleil, les rayons solaires qui arrivaient jusqu'à elle sont interceptés par la terre, de sorte que de lumineuse qu'elle était auparavant elle devient obscure.

L'éclipse se produirait à chaque opposition si la lune était toujours en ligne droite ou à peu près avec la terre et le soleil mais comme elle ne traverse que deux fois par lunaison le plan de l'écliptique, le plus souvent au moment de l'opposition elle est à quelque distance de ce plan. Lorsqu'elle s'en trouve assez rapprochée pour que son centre vienne à rencontrer la droite qui passe par les centres de la terre et du soleil, la terre qui a un diamètre plus grand que celui de la lune la couvre complètement et ne lui laisse arriver aucun rayon solaire. En d'autres termes la lune est entièrement plongée dans l'ombre qui s'étend derrière la terre ; il y a alors éclipse totale. Si la lune ne fait que passer près de la droite menée par les centres de la terre et du soleil, son disque n'est recouvert qu'en partie par l'ombre de la terre, et l'éclipse n'est que partielle. Il est évident que lorsqu'une éclipse de lune doit être totale, le phénomène commence par une éclipse partielle qui augmente peu à peu à mesure que la lune pénètre dans l'ombre de la terre. L'astre met à la traverser un temps qui ne dure jamais plus de 2 heures. Puis il sort peu à peu du côté opposé, en présentant une éclipse partielle semblable mais en sens inverse à celle qui avait précédé l'éclipse totale.

Le disque de la lune devrait paraître tout-à-fait noir pendant une éclipse totale ; or on le voit toujours avec une teinte rouge sombre. En voici la cause. Les rayons solaires qui traversent notre atmosphère y subissent une réfraction par laquelle ils vont se rencontrer au delà à une distance beaucoup moins éloignée, et pénètrent dans l'ombre de la terre. Une partie tombe même sur la lune : ce sont ces rayons qui l'empêchent d'être complètement obscure.

110. Une figure achèvera d'éclaircir les explications qui précèdent. Représentons le soleil par le cercle CSD (Fig.35), la terre par le cercle TAB, et menons les droites

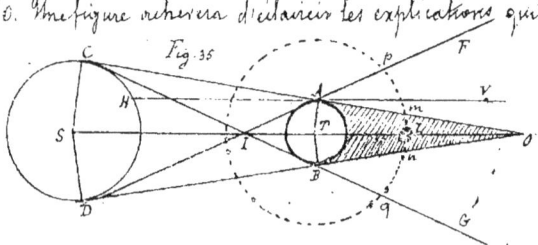

Fig.35

CO et DO ainsi que les droites CG et DF tangentes à la terre et au soleil, et soit L la lune en opposition. Le cône d'ombre projeté par la terre est AOB. On peut facilement calculer la longueur TO de ce cône d'ombre par les triangles semblables TAO et SCO donnent la proportion $\frac{TO}{So} = \frac{T\lambda}{OS}$ d'où l'on tire $TO = 216$ fois le rayon de la terre, tandis que la distance maximum de la lune à la terre ne suppose jamais 64 fois ce rayon. On trouve aussi que le diamètre mn du cône d'ombre à l'endroit où il est traversé par la lune est toujours plus grand que le diamètre de cet astre. Il suffit donc pour que l'éclipse se produise que la lune au moment de l'opposition ne soit pas trop éloignée de la droite OTS ou ce qui est la même chose du plan de l'écliptique. En d'autres termes il faut qu'elle soit à l'un de ses nœuds ou au moins assez près. La distance au-delà de laquelle l'éclipse n'est plus possible ne suppose pas 1°.

111. L'espace conique $FAOBG$ déterminé au-delà de la terre par les deux tangentes CG, DF s'appelle la pénombre. L'obscurité y décroît depuis les côtés du cône AOB jusqu'aux bords AF et BG en-delà desquels tous les points sont éclairés par tout le soleil. En effet un point quelconque V de la pénombre n'est éclairé que par la partie HC du soleil, et à mesure que ce point V se rapproche de AF, le point H se rapproche de D. On voit donc que le point est d'autant plus éclairé qu'il est plus voisin de AF.

Lorsqu'avant une éclipse la lune entre dans la pénombre, son éclat doit s'affaiblir peu à peu jusqu'au moment où son disque commence à s'échancrer en pénétrant dans le cône d'ombre AOB. La même chose doit se produire au sortir de ce cône, pendant qu'elle traverse la partie opposée mp de cette pénombre. C'est en effet ce qu'on observe.

§ VI. Éclipses de soleil. — Prédiction des éclipses.

112. À l'époque de la conjonction, la lune nouvelle se trouvant entre la terre et le soleil, si en même temps elle est en ligne droite ou à peu près avec ces deux corps, elle cache le soleil en tout ou en partie pour la position de la terre qui est en face d'elle. Alors le soleil prend l'aspect des phases de la lune et peut même être totalement caché. Dans ce cas il y a pour ces points de la terre éclipse de soleil.

Cette éclipse diffère essentiellement de l'éclipse de lune. Dans celle-ci nous continuons à voir la lune; seulement elle est obscure au lieu d'être lumineuse.

Dans l'autre le soleil est caché à nos yeux en tout ou en partie par un corps opaque, la lune qui est interposée entre lui et nous.

413. Soit SCD le soleil (Fig. 36); TPQ la terre, et LAB la lune en conjonction et sur le

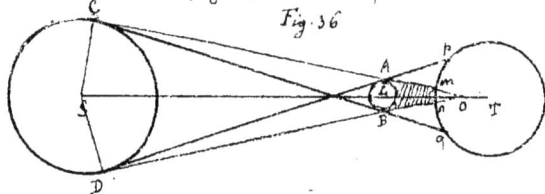

Fig. 36

plan de l'écliptique représenté par le plan de la figure. Tirons les droites CAO, DBO

ainsi que les droites CBq, DAp tangentes au soleil et à la lune. Le cône AOB est est le cône d'ombre projeté par la lune, il a toujours peu d'étendue à cause de la petitesse du rayon de la lune. Par un calcul semblable à celui qui a été indiqué pour les éclipses de lune, on trouve qu'à la conjonction il peut atteindre la terre, si la lune est à sa distance périgée, mais qu'il ne l'atteint pas si elle est à sa distance apogée. Dans le cas de la rencontre, le cône d'ombre couvre sur la terre un espace circulaire non enforme de calotte pour tous les points duquel il y a éclipse totale. La pénombre embrasse un autre espace pm, nq qui environne l'autre comme une zone, et d'où l'on ne peut apercevoir qu'une partie du disque du soleil. Il y a éclipse partielle pour les lieux qui sont dans la pénombre.

Lorsque la lune nouvelle est en ligne droite avec le soleil et la terre est à sa plus grande distance de nous, son cône d'ombre ne peut arriver jusqu'à la terre et se

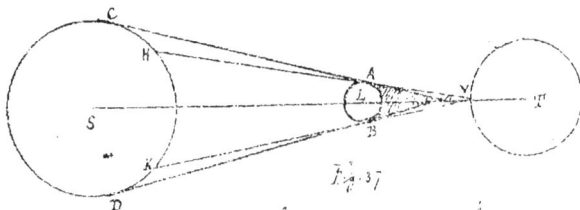

Fig. 37

termine au point o. Cependant elle cache la partie centrale HK du soleil pour les lieux de la terre qui sont en γ sur la droite menée par les centres du soleil et de la lune. Le soleil débordant alors la lune se montre comme un anneau lumineux : c'est l'éclipse annulaire. La lune qui a peu près d'argent de cinq fois trois près de [...] peut cacher tout un ... quand cette distance [...]

mais si on l'éloigne de l'œil, elle ne couvre plus que la partie centrale du cercle et laisse apercevoir tout le bord.

114. Nous avons déjà signalé une différence entre l'éclipse de soleil et l'éclipse de lune (112); nous devons en indiquer une autre. L'éclipse de lune commence et finit au même instant pour tous ceux qui peuvent la voir, c'est-à-dire pour tous ceux qui ont la lune sur leur horizon pendant la durée du phénomène. Il n'en est pas de même pour l'autre éclipse. En effet en vertu du mouvement de la lune, le cône d'ombre qu'elle projette derrière elle, traverse dans sa marche une portion de la surface de la terre, et ne rencontre que les unes après les autres les divers lieux compris dans cet espace. Les habitants qui s'y trouvent ne voient donc pas l'éclipse tous en même temps. Elle finit pour les uns au moment où elle commence pour d'autres. C'est exactement ce qui se passe lorsqu'un nuage isolé poussé par le vent vient à passer devant le soleil; son ombre marche sur le sol, et le nuage produit une véritable éclipse de soleil pour ceux que l'ombre atteint.

115. L'éclipse totale de soleil est bien plus courte que l'éclipse totale de lune; sa durée ne dépasse guère cinq minutes. C'est un des phénomènes les plus intéressants. A mesure que le disque du soleil s'échancre de plus en plus, la lumière du jour s'affaiblit et ressemble à celle du crépuscule. Quand le soleil a entièrement disparu, il y a une véritable nuit, les étoiles se montrent, et il se produit un abaissement très-sensible de température, et la rosée commence à se former. Quelques instants après le disque du soleil montre un de ses bords du côté opposé, et se dégage en ramenant la lumière.

116. Les éclipses sont annoncées longtemps d'avance par les astronomes, au moyen de calculs qui leur permettent d'en connaître avec précision le commencement et la fin et les diverses circonstances qui s'y rattachent. Les anciens, malgré le peu d'étendue de leurs connaissances astronomiques ont pu néanmoins prédire quelques éclipses de lune. Ils se servaient pour cela d'une période découverte par les Chaldéens, au bout de laquelle les mêmes éclipses reviennent à peu près dans le même ordre. Cette période nommée par eux Saros comprend 18 ans 11 jours. Pendant ce temps il se produit

70 éclipses dont 41 de soleil et 29 de lune. Pour l'éclipse de soleil ils étaient réduits à savoir qu'il devait y en avoir une quelque part; mais ils étaient dans l'impossibilité de déterminer les lieux de la terre pour lesquels l'éclipse devait être visible.

Il y a en moyenne 4 éclipses par an. Ce nombre peut aller jusqu'à 7 et diminuer jusqu'à 2.

Quoiqu'il y ait dans la période de 18 ans 11 jours plus d'éclipses de soleil que d'éclipses de lune, cependant les premières sont plus rares que les autres pour un lieu donné. Cela vient de ce que l'éclipse de lune est vue de tous les lieux qui ont la lune sur leur horizon au moment du phénomène, tandis que l'éclipse de soleil ne se produit que pour une portion très-restreinte de la surface de la terre. Les éclipses totales surtout sont très-rares. Il y en aura quatre dans le reste de ce siècle, en 1870, 1887, 1896 et 1900, mais aucune ne sera visible en France. A Paris il n'y en aura eu qu'une pendant toute la durée du 18e siècle et du 19e siècle, celle de 1724. Londres est resté 575 ans sans en voir une seule, depuis 1140 jusqu'en 1715.

Chapitre VI.

Planètes.

§ I. **Mouvements apparents.** — Noms des planètes; leurs distances au soleil. — Révolutions sidérales.

117. Nous avons déjà dit (5 et 6) que les planètes se distinguent des étoiles 1° par le déplacement qu'elles éprouvent relativement aux constellations; 2° par leur grossissement apparent dans les lunettes; 3° par l'absence ou au moins par la faiblesse de leur scintillation; 4° parce que leur lumière vient du soleil comme celle de la lune.

Les planètes changeant continuellement de place parmi les étoiles, ont un mouvement propre, en même temps que le mouvement diurne. Si l'on suit attentivement la marche de Vénus par exemple, on la voit à certaines époques se coucher immédiatement après le soleil. Puis elle s'éloigne de jour en jour de cet astre du côté de l'orient; son coucher retarde continuellement, et elle se montre le soir pendant un temps de plus en plus long. Enfin elle cesse de s'éloigner pour se rapprocher ensuite chaque jour du soleil; le temps pendant lequel elle est visible le soir diminue, jusqu'au moment où elle se couche de nouveau en même temps que le soleil. À partir de ce jour on ne l'aperçoit plus que le matin avant le lever de cet astre pendant un temps qui augmente de jour en jour; la planète alors s'éloigne du soleil du côté de l'occident. Bientôt elle s'arrête aussi dans cette marche pour revenir en arrière; elle se rapproche du soleil, l'atteint, le dépasse et s'avance de nouveau du côté de l'orient en s'éloignant de l'astre et reprendre successivement les mêmes positions qu'auparavant. La planète par ce mouvement semble osciller à droite et à gauche du soleil. La plus grande distance à laquelle elle s'éloigne du soleil soit à l'occident soit à l'orient est de 48°; cette distance s'appelle digression. Les deux points extrêmes qu'elle atteint sont les stations; car la planète semble s'y arrêter lorsqu'après s'être éloignée progressivement du soleil elle change de direction pour s'en rapprocher. On compte 584 jours entre le moment où la planète était à l'une des deux stations et celui où elle y revient. Cet espace de temps est la révolution synodique de la planète.

Le mouvement propre de Mercure offre les mêmes apparences. Mais cette planète s'éloigne moins du soleil et ne va jamais dans sa digression au-delà de 28°. C'est ce voisinage du soleil qui empêche de distinguer facilement cette planète.

118. Les autres planètes visibles à l'œil nu, Mars, Jupiter, Saturne ont une marche apparente plus compliquée. Mars par exemple s'éloigne chaque jour du soleil pendant un certain temps du côté de l'occident, s'arrête, revient en arrière et dépasse l'astre en se dirigeant vers l'orient. A un certain moment il s'arrête de nouveau, marche en sens inverse et fait du côté de l'occident une nouvelle station avant d'être arrivé à la première, reprend son mouvement vers l'orient, dépasse la deuxième station et ainsi de suite, de sorte qu'à la longue la planète finit par parcourir toute la sphère céleste et revenir à la même position. Elle va ainsi décrit une courbe sinueuse semblable à la ligne sinueuse m a b c d f ... (Fig 38) dans

Fig. 38

laquelle les points a, b, c, d, f sont des stations, les arcs m a, b c, d f sont décrits par la planète d'orient en occident, et les arcs plus grands a b, c d d'occident en orient. Ces trois dernières planètes s'éloignent donc du soleil à toute distance dans leur mouvement apparent, arriver par exemple en un point de la sphère diamétralement opposé à celui qu'occupe cet astre, tandis que les deux autres Mercure et Vénus ne s'écartent jamais du soleil au-delà d'une certaine distance et semblent en quelque sorte l'accompagner toujours. C'est pour cette raison que les anciens ont appelé ces deux planètes les planètes inférieures, tandis que les trois autres étaient les planètes supérieures.

119. Si pour étudier la marche des planètes avec plus de précision on prend chaque jour leur ascension droite et leur déclinaison, et qu'on marque leurs positions sur un globe céleste, on trouve que les points ainsi obtenus sont pour chaque planète les uns au nord de l'écliptique et les autres au sud, à des distances cependant assez faibles; car celle qui s'en éloigne le plus est Mercure qui ne va pas au-delà de 7°. Toutes les planètes restent donc dans la zone zodiacale (59).

Les lignes que les planètes décrivent dans leur mouvement propre paraissent bizarres et compliquées, surtout si on les compare à celle que décrit la lune dans sa révolution autour de la terre, ou à celle que décrit la terre dans sa révolution autour du soleil. Ces apparences proviennent de ce que nous ne sommes pas au centre du mouvement des planètes : c'est autour du soleil qu'elles tournent. Si nous pouvions les observer de cet astre, nous les verrions suivre une marche semblable à celle de la lune autour de la terre. On appelle révolution sidérale le temps que met une planète pour parcourir son orbite autour du soleil. C'est Képler qui a découvert les lois des mouvements planétaires : ce sont les trois suivantes dont les deux premières ont déjà été énoncées :

1° Les planètes décrivent des ellipses dont le soleil occupe un foyer, et dont les plans coupent l'écliptique sous un angle assez petit.

2° Les aires décrites par le rayon vecteur mené du centre du soleil au centre de la planète sont proportionnelles aux temps employés à les décrire.

3° Les carrés des durées des révolutions sidérales des planètes sont proportionnels aux cubes de leurs demi-grands axes.

120. Les anciens comptaient sept planètes en ajoutant le soleil et la lune aux cinq qui sont visibles à l'œil nu. Cette classification ne peut plus être admise, et il n'y a personne qui n'adopte le système de Copernic dans lequel le soleil est le centre des mouvements planétaires. La terre est une planète comme Mercure, Vénus, etc. Quant à la lune, c'est une planète secondaire par rapport à une autre planète qui est la terre ; on dit qu'elle est un satellite de la terre.

Il y a huit planètes principales qui sont en commençant par la plus voisine du soleil :

Mercure ; Vénus, la Terre, Mars, Jupiter ; Saturne, Uranus, Neptune.

Les deux dernières étaient inconnues aux anciens. Uranus qui ne brille que comme une étoile de 6e grandeur fut découverte en 1781 par Herschell. Neptune qui est invisible à l'œil nu ne fut aperçue qu'en 1846 d'après les indications de mr Leverrier.

On peut facilement connaître les distances moyennes des planètes au soleil, d'après la règle suivante qui porte le nom de l'astronome allemand Bode. On écrit les nombres

0	3	6	12	24	48	96	192

on les augmente de 4 et on a

4	7	10	16	28	52	100	196

en divisant par 10 on obtient

0,4	0,7	1	1,6	2,8	5,2	10	19,6

nombres qui représentent assez exactement ces distances en prenant celle de la terre pour unité, comme on le voit ci-dessous où l'on a inscrit les distances exactes au-dessous des noms des planètes.

	Mercure ;	Vénus ;	la Terre ;	Mars ;		Jupiter ;	Saturne ;	Uranus ;	Neptune.
Distances exactes :	0,387	0,723	1	1,524		5,203	9,539	19,183	30
Distances d'après Bode :	0,4	0,7	1	1,6	2,8	5,2	10	19,6	38

121. Aucune planète n'est inscrite sous le nombre 2,8 de la loi de Bode. Cet astronome et quelques autres qui avaient entrevu cette loi avant lui pensèrent qu'il y avait peut-être quelque planète inconnue dans cette partie du ciel. Leurs prévisions ont été en partie réalisées par la découverte d'un grand nombre de petites planètes dont les distances au soleil ne diffèrent pas beaucoup du nombre 2,8. Parmi ces planètes il y en a plusieurs dont les orbites font des angles assez grands avec le plan de l'écliptique.

La 1e Cérès fut découverte le 1er janvier 1801 à Palerme par Piazzi ; la 2e Pallas en 1802 ; la 3e Junon en 1804, et la 4e Vesta en 1807. Les autres l'ont été depuis 1845, on en compte aujourd'hui 85.

Quant à la planète Neptune, la distance 38 que lui assigne la loi de Bode diffère beaucoup de la distance véritable qui est seulement égale à 30.

Il faut se garder de croire que ce sont là les seules planètes qui composent le système solaire. Sans doute il en existe d'autres que leur immense éloignement dérobe à nos regards; d'autres peut-être sont trop voisines du soleil pour que nous puissions les voir. En 1859 un médecin m. Lescarbault crut avoir observé une planète plus rapprochée du soleil que Mercure. Elle a reçu le nom de Vulcain; mais son existence est encore incertaine, car aucun astronome ne l'a revue.

122. Les quatre premières planètes Mercure, Vénus, la Terre, Mars tournent sur elles-mêmes d'un mouvement uniforme dans un temps qui ne diffère pas beaucoup de 24 heures. Les deux suivantes Jupiter et Saturne accomplissent cette rotation avec plus de rapidité, 10 heures environ. Ce mouvement a été découvert, comme celui du soleil, par l'observation des taches que présente la surface de la planète. Quant à Uranus et à Neptune, il est probable qu'elles le possèdent comme les autres; mais on n'a pas encore pu l'observer.

Les planètes emploient pour décrire leurs orbites autour du soleil des temps d'autant plus grands qu'elles sont plus éloignées de cet astre. Voici les durées de leurs révolutions sidérales:

Mercure, Vénus, la Terre, Mars, Jupiter, Saturne, Uranus, Neptune

3 mois, 7 mois $\frac{1}{2}$; 1 an, $1^{an} 10^{m} \frac{1}{2}$ 12^{ans} $29^{ans} \frac{1}{2}$ 84^{ans} 165^{ans}

§ II. Planètes inférieures. — Vénus. — Mercure.

123. Vénus. — La plus brillante de toutes les planètes est Vénus. C'est elle qu'on nomme Étoile du soir (Hesperus chez les anciens) quand elle se montre après le coucher du soleil, et Étoile du matin ou Lucifer quand elle reparaît que le matin avant le lever du soleil. Observée au télescope elle présente des phases qui s'expliquent comme celles de la lune.

Soit S le soleil (Fig. 39); VV.... l'orbite de la planète, et T la terre que nous regarderons d'abord comme immobile en ce point de son orbite TT....

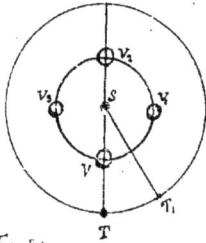

Fig. 33

En V la face obscure de Vénus est du côté de la Terre; il y a pour nous nouvelle planète. En V_2 elle nous montre sa moitié éclairée; elle est dans son plein: Mais dans ces deux positions il est difficile de l'apercevoir parce qu'elle est dans la direction du soleil: c'est alors qu'elle se couche en même temps que cet astre.

À partir de V elle s'avance sur son orbite en paraissant s'éloigner du soleil du côté de l'occident, ou pour parler plus exactement, de la droite menée de la terre au soleil, en nous présentant une portion de plus en plus grande de sa moitié éclairée. On la voit alors avec une lunette comme un croissant lumineux qui va s'élargissant jusqu'en V_1 où elle a l'aspect d'un demi-cercle: c'est le 1er quartier. En ce point il y a station; car le plan de en allant vers V_2 paraît se rapprocher de la droite qui va de la terre au soleil, et en même temps son disque s'arrondit de plus en plus. C'est pendant qu'elle décrit l'arc $V, V_1 V_2$ qu'elle est visible le matin. Elle se montre le soir pendant qu'elle décrit l'autre arc $V_2 V_3 V$, en présentant les mêmes phases que sur l'arc $V_2 V_1 V$ mais en sens inverse. Au point V_3 a lieu la station orientale de Vénus.

Les distances maximum et minimum $T V_2$, $T V$ de Vénus à la terre ayant entre elles une grande différence, son diamètre apparent en V_2 est beaucoup plus petit qu'en V. Aussi n'est-ce pas quand elle est dans son plein qu'elle a le plus d'éclat: c'est à une position intermédiaire entre V_1 et V_2 et entre V_2 et V_3. Alors elle brille tellement qu'on la voit quelquefois en plein jour.

124. Pendant que Vénus accomplit sa révolution sidérale de 360° autour du soleil, la terre s'avance elle-même sur son orbite. Supposons qu'elle soit arrivée en T_1. Alors la planète doit encore marcher pendant quelque temps pour se retrouver entre la terre et le soleil: c'est pourquoi la durée de la révolution synodique est de 584 jours, tandis que celle de la révolution sidérale n'est que de 7 mois ½.

Lorsque Vénus entre la terre et le soleil se trouve en même temps sur la droite qui unit leurs centres, elle passe devant le disque de cet astre sous la forme d'un petit cercle noir ; c'est une véritable éclipse partielle ou plutôt annulaire de soleil.

C'est ce qu'on appelle passage de Vénus sur le soleil. C'est par l'observation des passages qui eurent lieu en 1761 et en 1769 qu'on a déterminé la parallaxe du soleil (86). Le plus prochain arrivera le 8 décembre 1874 et sera suivi d'un autre qui aura lieu 8 ans après le 6 décembre 1882.

125. Vénus est environnée d'une atmosphère ; car on voit sur les bords de la partie opposée au soleil une faible lueur semblable à celle du crépuscule or nous avons vu que le crépuscule ne peut être produit que par une atmosphère (76). De plus la ligne de séparation entre la partie obscure et la partie éclairée étant sensiblement dentelée comme sur la lune, il faut admettre que la planète est couverte de montagnes.

Cette planète a la plus grande analogie avec la terre. Outre son atmosphère, ses montagnes, et son mouvement de rotation qui est aussi de 24 heures à peu près elle a presque le même volume et la même masse que la terre.

126. Mercure, quoique difficile à observer à cause du soleil dont il s'écarte peu, était cependant connu des anciens. Il n'a que l'éclat d'une étoile de 4ᵉ grandeur. Il doit avoir des phases ; il passe aussi quelquefois sur le soleil comme Vénus. On croit qu'il a aussi une atmosphère et des montagnes. Son volume n'est que la 16ᵉ partie de celui de la terre.

§ III. Planètes supérieures. — Satellites. — Mesure de la vitesse de la lumière. — Tableau du Système planétaire.

126. À l'œil nu Mars brille comme une belle étoile mais un peu rougeâtre. En raison de sa proximité de la terre, quand celle-ci se trouve entre la planète et le soleil, on a pu reconnaître qu'elle est environnée d'une atmosphère. On a aussi remarqué à sa surface dans les régions voisines des pôles autour desquels elle exécute son mouvement de rotation deux grandes taches blanchâtres que l'on regarde comme des amas de glaces. Elles augmentent et diminuent alternativement comme si un changement de température faisait fondre les neiges à l'un des pôles pendant qu'elles s'accumulent à l'autre.

Dans la région de l'équateur de Mars, on voit comme une bande verdâtre dont les bords sont sinueux et que l'on croit être une mer. On pense même y trouver une île dans un point qui se montre au milieu et qui se distingue par une teinte rougeâtre.

Le plan de l'équateur de Mars fait avec le plan de son orbite un angle de 28°; c'est presque le même angle que celui de l'équateur terrestre avec l'écliptique; Mars a donc des saisons analogues aux nôtres. Mais l'année y est plus longue et dure 687 jours. Son volume n'est que la 7ᵉ partie de celui de la terre.

Jupiter.

127. Jupiter est la plus grosse des planètes; elle a environ 1400 fois le volume de la terre. Aussi malgré sa grande distance brille-t-elle beaucoup: sa lumière est un peu jaunâtre. Les taches qu'on voit à sa surface ont fait connaître qu'elle tourne sur elle-même en 10 heures. On y distingue aussi des bandes alternativement blanches et sombres dans le sens de son équateur.

Avec de bons instruments on aperçoit quatre points lumineux qui accompagnent toujours cette planète. Ce sont quatre satellites qui tournent autour d'elle comme la lune tourne autour de la terre. Ils furent découverts par Galilée aussitôt après l'invention des lunettes. Leurs mouvements sont soumis aux lois de Képler, et les plans de leurs orbites se confondent presque avec celui de l'orbite de la planète.

Le 1ᵉʳ de ces satellites, c'est-à-dire le plus rapproché de Jupiter accomplit sa révolution autour de lui en 42ʰ 28ᵐ 48ˢ ou à peu près 42ʰ ½, et chaque fois il traverse le cône d'ombre que projette la planète.

128. Ce sont ces éclipses du 1ᵉʳ satellite de Jupiter qui ont amené Ræmer astronome danois à mesurer la vitesse de la lumière. Ses observations furent faites à Paris en 1675 et 1676.

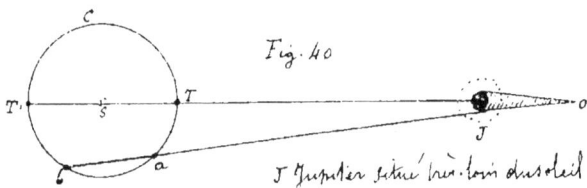

Fig. 40

Soit S le soleil, T, a, t, b l'orbite de la terre;

J Jupiter situé très loin du soleil et que nous pourrons

regarder comme restant à peu près dans la même position pendant quelque
temps à cause de sa lenteur dans sa marche autour du soleil, SO le cône d'ombre.
On appelle immersion l'entrée du satellite dans ce cône et émersion sa sortie.

Lorsque la terre est en I, la planète en opposition empêche de distinguer le moment
précis de l'immersion ou de l'émersion du satellite. Si elle est en T', la planète en
conjonction ne peut pas être observée facilement parce qu'elle est dans la direction du soleil.
Mais si l'on observe deux immersions consécutives du satellite lorsque la terre est
voisine des points T et T' on trouve toujours entre elles un intervalle de 42^{h}28^{m}48^s.

Supposons maintenant que l'on compte 100 immersions depuis le moment
où la terre était en a jusqu'à celui où elle est arrivée en b. La 100e immersion
arriverait après 100 fois 42^{h}28^{m}48^s, si la terre était restée au même point a. Or le
temps qui s'est écoulé entre la 1re et la 100e est un peu plus grand; l'excès est le temps
que la lumière partie de Jupiter a mis pour parcourir depuis la distance ab. En
divisant par cet excès cette distance qu'on peut calculer facilement, on obtient l'espace
parcouru par la lumière en 1 seconde. On a ainsi découvert que la lumière met
8^{m}18^s pour venir du soleil à la terre. Elle a une vitesse de 77000 lieues par seconde.

Saturne

124). Saturne paraît comme une grosse étoile un peu terne; son volume surpasse 700 fois celui de la terre. On voit à sa surface des bandes blanchâtres comme
sur Jupiter. Il est accompagné de 8 satellites. Mais ce qui est plus remarquable,
c'est qu'il est entouré d'un anneau circulaire, opaque, peu épais qui s'en trouve
séparé par un intervalle vide à travers lequel on peut distinguer les étoiles.
Cet anneau tourne sur lui-même en 10 heures avec la planète comme s'il faisait corps avec elle. L'axe de rotation est perpendiculaire au plan de l'anneau
mais un peu incliné sur le plan de l'écliptique

Si cet axe était perpendiculaire à ce dernier plan l'anneau serait parallèle
à ce plan et nous ne le verrions que par son bord sous la forme d'une ligne droite.

Si le plan de l'anneau était perpendiculaire à celui de l'écliptique, l'anneau se mouvoir comme une couronne circulaire environnant la planète. Or on le voit néanmoins avec l'apparence d'une ellipse dont une face seulement reçoit la lumière du soleil. Saturne accomplissant sa révolution autour de cet astre en 29 ans ½, il arrive une époque où le plan de l'anneau prolongé rencontre le soleil; alors l'anneau n'est éclairé que sur son contour et ne paraît plus que comme une ligne lumineuse qui dépasse la planète à droite et à gauche. Lorsque le prolongement de ce plan passe entre le soleil et la terre, nous n'avons devant nous que la face obscure, l'anneau est invisible pendant quelque temps ce qui arrive tous les 15 ans environ. La dernière disparition a eu lieu en 1863.

L'anneau fut découvert par Galilée à qui il apparut sous la forme de deux anses lumineuses attachées à deux points opposés de la planète; c'est Huyggens qui reconnut sa véritable forme. Depuis on a constaté par de nombreuses observations que l'anneau se compose de trois anneaux concentriques. On a même vu que le bord intérieur est formé par un anneau obscur.

Le rayon intérieur de l'anneau égale 4 fois ½ le rayon de la planète; la largeur de l'anneau est presque les ¾ de ce dernier rayon. Quant à l'épaisseur, on ne sait rien de précis, si ce n'est qu'elle est peu considérable.

Uranus et Neptune.

130. Il est très difficile d'apercevoir Uranus qui n'a que la grandeur des plus petites étoiles à l'œil nu. Cette planète ne montre rien de bien remarquable. Son volume est égal à 82 fois celui de la terre et sa révolution sidérale dure 84 ans. Elle a 8 satellites. Elle fut découverte par Herschell en 1781.

131. Neptune qu'on ne peut voir qu'à l'aide des meilleurs instruments est à une distance du soleil 30 fois plus grande que celle de la terre, ce qui fait près de 1200 millions de lieues. Son volume est égal à 110 fois celui de la terre. Il effectue sa révolution sidérale autour du soleil en 165 ans; on lui a vu un satellite. Nous dirons quelques mots de sa découverte après avoir parlé de la gravitation universelle.

132. Pour qu'on puisse faire une idée plus claire des grosseurs relatives des planètes, nous copions la figure suivant l'excellent cours d'astronomie élémentaire de M. Delaunay. Les planètes y sont représentées par des cercles ayant des rayons proportionnels aux rayons de ces astres.

On n'a pas pu y marquer le soleil; car le cercle qui le figurerait devrait avoir 15 centimètres de rayon et par conséquent ne pourrait pas être contenu dans un espace double de cette page.

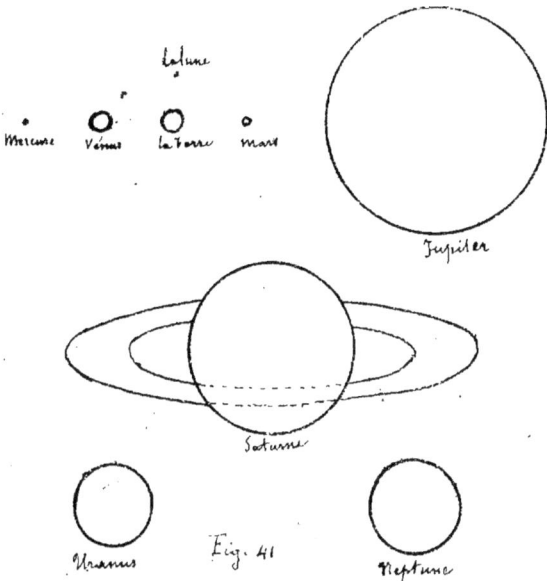

Fig. 41

De plus si l'on voulait mettre les figures des planètes à des distances représentant à la même échelle celles qui les séparent du soleil, le centre de Mercure devrait être à 12 mètres du centre du soleil; celui de Vénus à 23 m.; celui de la Terre à 32 m; celui de Mars à 49 m; celui de Jupiter à 166 m; celui de Saturne à 305 m; celui d'Uranus à 614 m; celui de Neptune à 961 m, presque 1 kilomètre.

	Rayon	Volume	Masse	Distance au soleil	Révol. sidérale	Rotation	Inclinaison sur l'écliptique	Satellites
Mercure	0,38	0,054	0,08	0,387	3 mois	$24^h 5^m$	7°	
Vénus	0,95	0,87	0,86	0,723	$7^m \frac{1}{2}$	$23^h 21^m$	3°23'	
La Terre	1	1	1	1	1 an	$23^h 56^m$		1
Mars	0,54	0,157	0,09	1,52	$1^{an} 10^m \frac{1}{2}$	$24^h 37^m$	1°51'	
Jupiter	11	1390	337	5,202	12 a	$9^h 55^m$	1°19'	4
Saturne	9,5	864	101	9,539	$29^a \frac{1}{2}$	$10^h 30^m$	2°29'	8
Uranus	4,2	75	17	19,183	84 a		0°46'	8
Neptune	4,4	85	20	30	165 a		1°46'	1
Soleil	112	1400000	355000			$25^d \frac{1}{3}$		
Lune	0,27	$\frac{1}{50}$	$\frac{1}{88}$	dist à la terre 96000 lieues	révol autour de la terre $27^d \frac{1}{3}$	$27^d \frac{1}{3}$	5°	

Chapitre V.

§I. Gravitation universelle. — Perturbations.
Découverte de Neptune.

133. À la vue de ces masses immenses jetées dans l'espace et circulant avec une invariable régularité autour du soleil, on se demande comment elles se maintiennent perpétuellement dans leurs positions relatives. Ainsi l'a voulu le Créateur; rien ne lui est impossible. Mais tout en admirant sa puissance infinie, nous sommes poussés par la curiosité à pénétrer le secret de cette merveilleuse mécanique du monde. C'est Newton qui l'a révélé.

En méditant sur la chute des corps, il se demanda si cette force que nous appelons pesanteur, et par laquelle la terre attire les corps et les fait tomber sur elle, ne s'exercerait pas à des distances plus grandes et même jusqu'à la lune. Cet astre étant en mouvement a reçu une impulsion primitive; mais cette force n'aurait eu d'autre effet que de la faire marcher en ligne droite. Puisqu'elle tourne autour de la terre elle est donc aussi constamment soumise à une autre force qui composée avec la première, donne à la lune un mouvement curviligne sur une ellipse. En analysant les lois de Képler, Newton reconnut que cette dernière force doit toujours être dirigée vers le centre de la terre, comme si la terre attirait elle-même la lune, et que le mouvement des planètes autour du soleil s'effectue de la même manière. Il établit donc 1° que chaque planète est constamment attirée vers le centre du soleil, comme si le soleil possédait lui-même cette force d'attraction. 2° que l'attraction exercée sur chaque planète est proportionnelle à la masse de la planète attirée, et indépendante de la nature de cette masse. 3° qu'à une distance 2 fois 3 fois... plus grande du soleil, l'attraction est 4 fois 9 fois... plus faible, en d'autres termes qu'elle varie en raison inverse du carré de la distance.

Ainsi le mouvement elliptique des planètes est le résultat de deux forces:

l'une qui a été primitivement communiquée à la planète au moment de la création et qui tend à la faire marcher en ligne droite ; l'autre qui semble résider dans le soleil et qui attire constamment la planète pour la faire tomber vers cet astre. Celle-ci empêche la planète d'aller en ligne droite ; l'autre s'oppose à ce qu'elle se précipite vers le soleil : l'action combinée de ces deux forces produit le mouvement elliptique de la planète.

134. Le soleil attire la terre comme toutes les autres planètes. Or la terre attire les autres corps et la lune avec une intensité qui diminue à mesure que la distance entre la terre et le corps attiré augmente ; elle attire donc aussi le soleil.

Les satellites qui tournent autour de Jupiter, de Saturne, etc. étant par rapport à ces planètes ce que la lune est par rapport à la terre, leur mouvement s'opère aussi par la composition d'une impulsion primitive rectiligne et d'une attraction permanente exercée sur eux par la masse de la planète. Ainsi chaque planète exerce une attraction sur ses satellites, et cette attraction s'exerce à toute distance sur les autres planètes et sur le soleil. Les molécules dont l'agglomération constitue les masses planétaires sont douées de la même force d'attraction. Donc deux corps s'attirent mutuellement avec une force proportionnelle à leur masse, et inversement proportionnelle au carré de la distance qui les sépare.

Tel est le grand principe de la gravitation universelle. Ce n'est pas une simple hypothèse appuyée sur l'autorité d'un grand génie ; il se trouve confirmé par toutes les applications qu'on en a faites pour expliquer avec la plus grande précision les diverses circonstances des mouvements des corps célestes.

135 C'est ici le lieu de faire une remarque importante. Le mouvement réel d'une planète ne peut pas être tout-à-fait le même que si elle n'était attirée que par le soleil. Sous l'influence seule de cette attraction elle décrirait une ellipse conformément aux lois de Kepler ; mais l'attraction qu'elle subit de la part des planètes voisines l'écarte plus ou moins de l'ellipse, et fait qu'à un moment donné la position de la planète est un peu différente de celle qu'elle aurait eue sans

cela. Cet écart est ce que les astronomes appellent perturbation. Ils peuvent la calculer en connaissant la masse des planètes qui agissent sur la planète considérée.

Or quand Uranus eut été découverte par W. Herschell, on détermina son orbite, et on tint compte des perturbations que pouvaient produire sur sa marche les masses de Jupiter et de Saturne, les autres étant trop éloignées pour que leur action pût causer quelque effet appréciable. Cependant les positions où les instruments montraient Uranus n'étaient jamais d'accord avec celles que le calcul lui assignait. On eut alors l'idée que ces écarts pourraient provenir d'une action exercée sur Uranus par quelque masse inconnue, quelque planète qui serait restée cachée jusque là. Mr Leverrier entreprit de calculer quelle devait être la masse de cette planète et la position qu'elle devait occuper pour produire les perturbations observées sur Uranus. Il résolut ce difficile problème. Il communiqua ses résultats le 31 août 1846 à l'Académie des sciences et désigna la région du ciel sur laquelle il fallait diriger les instruments. Et enfin au mois suivant Mr Galle directeur de l'Observatoire de Berlin aperçut la planète près de la place indiquée.

10. Comètes. — Caractères qui les distinguent. Comètes périodiques.

156. Les comètes se font remarquer par leur apparence singulière. Généralement elles se composent d'un point brillant environné d'une auréole lumineuse qui se prolonge en forme de traînée; c'est la queue de la comète; l'auréole en est la chevelure. De là le nom de comète qui signifie astre chevelu; le point brillant est le noyau.

Cependant tous les astres désignés par le nom de comètes ne sont pas entièrement semblables à ceux que nous venons de décrire. Il y en a qui n'ont pas de queue; d'autres sont privés de noyau et ne montrent que la chevelure. Il y en a même qui n'ont ni queue ni chevelure et qui ressemblent par conséquent à une petite étoile. D'après l'aspect que présente une comète change quelquefois d'une manière très sensible d'un jour à l'autre, au point qu'au bout de quelque temps elle paraît toute différente de ce qu'elle était d'abord. Il est donc nécessaire de faire connaître avec plus de précision les caractères qui distinguent ces astres.

137. Les comètes ont un mouvement propre en vertu duquel elles se déplacent rapidement sur la sphère céleste. Pour les unes il est direct comme celui des planètes ; pour les autres il est rétrograde, c'est-à-dire dirigé d'orient en occident.

Les planètes sont toujours dans la zone du zodiaque excepté toutefois les planètes télescopiques (131). Au contraire une comète peut se trouver à de très-grandes distances du plan de l'écliptique. Le plan de l'orbite d'une comète coupe donc l'écliptique sous un angle qui varie considérablement d'une comète à l'autre, au lieu que les plans des orbites planétaires font avec l'écliptique des angles peu considérables.

Les comètes décrivent des ellipses bien plus allongées que celles des planètes, et si étendues que la plupart de ces astres ne reviennent pas, peut-être parce qu'il leur faut des milliers d'années pour parcourir leur orbite. On se voit que pendant quelques jours, ou au plus pendant quelques mois, lorsqu'elles sont dans le voisinage du soleil, c'est-à-dire à leur périhélie. Et ces immenses ellipses décrites par la comète pendant qu'elle est visible ne diffère pas sensiblement d'un arc de parabole, courbe qui peut être regardée comme la moitié d'une ellipse infiniment grande. Les planètes peuvent toujours être aperçues à un moment quelconque de leur révolution soit à l'œil nu soit à l'aide d'un instrument, excepté cependant quand elles se trouvent dans la direction du soleil par rapport à nous.

Enfin la masse des comètes est extrêmement faible ; car elles ne produisent pas la moindre attraction sur les planètes près desquelles elles passent dans leur marche, tandis qu'elles sont au contraire fortement influencées par les planètes. La matière dont elles sont formées est assez transparente pour que puisse au travers distinguer les étoiles.

138. La queue des comètes s'étend toujours à l'opposé du soleil. Le plus souvent elle a peu de longueur; mais quelquefois elle est considérablement allongée. Celle qu'on vit au mois de septembre 1858 avait une queue de 40°. En 1744 il y en eut une qui avait six queues en forme d'éventail. La queue va ordinairement en grandissant quand la comète se rapproche du soleil, et en diminuant quand elle s'en éloigne. Cependant des comètes se sont montrées subitement avec une queue d'une longueur considérable. Telle fut celle qui brilla tout-à-coup au mois de mars 1843.

Autrefois l'apparition de ces astres répandait la terreur et était regardée comme le présage de sinistres événements. Aujourd'hui on n'est guère effrayé; mais beaucoup de personnes attribuent encore à ces astres une grande influence sur l'état de l'atmosphère et sur les productions de la terre. Toutes ces croyances sont sans fondement. Quant à l'entrée de la queue d'une comète dans l'air qui nous environne, cette éventualité n'est pas très-probable. Au reste dût-elle se réaliser un jour, il est impossible de prévoir ce qui en résulterait; car on ne sait rien sur la nature de ces astres. On croit seulement d'après Arago que ces corps ne sont pas lumineux par eux-mêmes, et que la lumière dont ils brillent leur vient du soleil. M. Faye a considérablement élucidé cette question par une théorie qui rend compte d'une manière très-satisfaisante des phénomènes que présentent les comètes.

139. Newton reconnut que les comètes obéissent comme les planètes aux lois de Képler, et que le soleil est au foyer de l'ellipse qu'elles décrivent, même lorsque cette ellipse est infiniment grande, c'est-à-dire lorsqu'elle est une parabole. Quand un de ces astres se montre, on l'observe aussi souvent que possible en en mesurant son ascension droite et sa déclinaison. Trois observations suffisent pour qu'on puisse en tirer par le calcul cinq quantités qu'on nomme éléments paraboliques de la comète, et qui servent à déterminer la courbe qu'elle décrit.

140. Ces éléments sont soigneusement inscrits dans le catalogue des comètes que possèdent tous les observatoires. A l'apparition d'une nouvelle comète, on fait plusieurs observations; on calcule ses éléments paraboliques, et si dans le catalogue on trouve une comète dont les éléments soient à peu près les mêmes, il est probable que ces deux comètes ne sont que le même astre vu à deux époques différentes. Le temps écoulé entre ces deux époques est la durée de sa révolution ou de plusieurs révolutions successives. On peut donc annoncer son retour au bout d'un temps égal à cette durée. Si l'astre reparaît à l'époque indiquée, c'est une comète périodique, et on connaît sa marche aussi bien que celle d'une planète. C'est ainsi que fut découverte la périodicité d'une belle comète observée en 1682. Halley ayant calculé ses éléments et remarqué qu'ils étaient presque les mêmes que ceux d'une comète vue en 1607 et en 1531, pensa que cet astre effectuait sa révolution en 75 ans environ, et il prédit son retour pour 1758 ou 1759. A l'approche de cette époque Clairaut s'occupa de déterminer l'action que les masses de Jupiter et de Saturne devaient exercer sur la marche de la comète et trouva que son retour au périhélie serait un peu retardé et n'aurait lieu qu'au mois d'avril 1759. Il ne se trompa que d'un mois. Cette comète a reparu en 1835. Deux astronomes tenant compte de l'influence que devait exercer la masse d'Uranus qui n'était pas connue du temps de Clairaut, calculèrent aussi l'époque du passage de la comète au périhélie. L'un m. Damoiseau ne commit qu'une erreur de 12 jours; l'autre m. de Pontécoulant en fit une moindre encore: elle fut seulement de 3 jours.

141. Lorsque les observations faites sur une comète apprennent que son orbite est une ellipse qui n'est pas trop allongée, on peut calculer le temps de sa révolution sidérale et prédire l'époque de son retour, sans qu'on ait trouvé dans le catalogue une comète ayant les mêmes éléments. Souvent les prévisions ne se réalisent pas. Quelquefois les astronomes sont plus heureux: c'est ce qui est arrivé pour la comète que m. Faye découvrit le 22 novembre 1843 à l'Observatoire de Paris.

Le calcul assigna 7 ans ½ pour sa révolution : elle reparut en effet en 1851.
Son dernier retour a eu lieu en 1865.

142 Outre ces deux comètes périodiques on en connaît cinq autres. Leur mouvement est direct comme celui de la précédente ; celle de Halley a un mouvement rétrograde. Voici le tableau de ces comètes avec les noms de ceux qui les ont découvertes.

Comète de Encke	en 1819 ;	$3^a \frac{3}{10}$	Toutes ces comètes excepté celle
Vico	1844	$5^a \frac{1}{2}$	de Halley sont invisibles à l'œil
Brorsen	1846	$5^a \frac{3}{5}$	nu. Celle de Biéla présenta un
D'arrest	1851	$6^a \frac{1}{2}$	phénomène singulier en 1846 ;
Biéla	1826	$6^a \frac{3}{4}$	elle se partagea en deux. Elle s'est
Faye	1843	$7^a \frac{1}{2}$	montrée de la même manière
Halley	1682	75 ans.	en 1852 et en 1859.

§ III. Marées. – Action de la lune ; du soleil. Marée maximum. – Établissement du port.

143 Lorsqu'on est sur les bords de l'Océan, on voit, même par les temps les plus calmes, les flots s'avancer sur le rivage et s'y briser avec force. Un second suit le précédent en s'élevant plus haut, puis un troisième, et ils se succèdent ainsi en montant de plus en plus pendant 6 heures. Les eaux ont alors atteint leur plus grande hauteur : c'est la pleine mer ou la haute mer. À partir de ce moment elles descendent pendant le même temps, non par un abaissement régulier comme celui du niveau de l'eau qui s'écoulerait par le fond d'un vase, mais d'un mouvement alternatif de flots qui reviennent les uns après les autres sur le rivage, chacun restant au-dessous de la ligne où était arrivé le précédent. Quand les eaux ont cessé de descendre, c'est la basse mer.

Le mouvement ascendant est le flux ; alors la mer couvre les rivages et remplit les ports et le lit des rivières jusqu'à une assez grande distance de leur embouchure. Le mouvement descendant est le reflux ; pendant ce temps les rivages se mettent à sec ; les ports se vident et les vaisseaux y restent couchés sur le flanc.

Le temps pendant lequel la mer monte n'est pas partout égal à celui qu'elle emploie à descendre. A Boulogne par exemple le premier surpasse le second d'environ un quart d'heure.

144. L'intervalle qui sépare deux hautes mers consécutives n'est pas de 12 heures, mais de 12 heures 25 minutes : c'est précisément la moitié de celui qui sépare deux passages supérieurs consécutifs de la lune au méridien.

. On découvre d'autres rapports entre cet astre et les marées. La pleine mer n'atteint pas tous les jours la même hauteur dans le même lieu. La plus grande arrive vers l'époque des syzygies, c'est-à-dire de la nouvelle lune et de la pleine lune; la plus petite vers les quadratures, c'est-à-dire aux environs du 1er quartier et du dernier quartier. Cependant la pleine mer maximum n'est pas celle qui se produit le jour même de la syzygie; la suivante monte un peu plus haut; la deuxième encore plus. C'est seulement la 3e qui atteint la plus grande hauteur. Elle est en retard de 36 heures sur la marée qui se produit le jour de la syzygie. De même ce n'est que 36 heures après la quadrature qu'on observe la marée minimum.

La marée maximum qui a lieu 36 heures après la syzygie n'a pas non plus toujours la même hauteur dans un lieu donné. Elle est plus grande quand la lune est à sa plus petite distance de la terre, et plus faible quand l'astre est plus éloigné.

La distance du soleil à la terre exerce aussi une influence sur la hauteur des marées; ainsi on observe deux marées maximum aux syzygies à deux époques où la lune est à sa plus petite distance de la terre; celle qui nous arrive est plus grande que celle qui arrive en été. Or c'est en hiver que le soleil est le plus près de la terre, et en été qu'il est le plus éloigné.

145 Pour rendre plus simple l'explication du phénomène des marées, supposons que la surface de la terre soit entièrement recouverte par les eaux et soit abcd (fig 42) la circonférence suivant laquelle cette surface est coupée par le plan du cercle

de la lune. La pesanteur par laquelle la masse solide de la terre fait tomber les corps, c'est-à-dire les attire vers son centre T, agit aussi sur les eaux de la mer et donne à leur surface la forme sphérique. Cette attraction exercée par la masse solide de la terre, et celle que la lune exerce elle-même sur cette masse se présent comme si toute la masse solide de la terre était condensée au centre T. De plus si l'attraction de la lune avait la même intensité sur tous les points de la surface de l'eau, la forme sphérique que la pesanteur fait prendre à la surface ne serait près altérée.

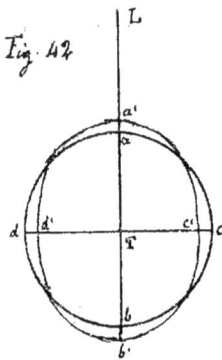

Fig. 42

Soit L la lune au méridien des lieux a et b. Les points c et d sont attirés par la lune avec la même intensité que le centre T ; car ils sont à peu près à la même distance de cet astre que le point T. Tous les points à partir de c et de d jusqu'en a sont plus fortement attirés que le centre T et d'autant plus qu'ils sont plus voisins de a où cette attraction est la plus grande en raison de sa plus petite distance à la lune. Au contraire tous les points à partir de c et de d jusqu'en b étant plus éloignés de la lune sont moins fortement attirés que le centre T, et cette attraction sur chacun d'eux est d'autant moindre qu'il est plus voisin de b où elle est le plus faible.

Le globe de la mer qui aurait conservé sa forme sphérique, si tous les points de sa surface avaient subi des attractions égales de la part de la lune, doit donc s'allonger de T en a et b. Les eaux se portent ainsi de c et d vers a et b où elles s'élèvent en a' et b' au-dessus de la surface sphérique abcd, tandis qu'elles s'abaissent en c' et d' au-dessous de cette surface. Ainsi il y a haute mer dans les deux lieux a et b quand la lune est dans leur méridien, et en même temps basse mer pour les lieux c et d. La basse mer a donc lieu quand la lune est à l'horizon.

Mais en vertu du mouvement de la terre et de la lune, celle-ci semble tourner autour de nous en 24 heures 50 minutes d'orient en occident, traversant les méridiens des divers lieux, et y produisant ainsi successivement pleine mer. Pendant les 6ʰ 12ᵐ qu'elle emploie pour aller du méridien de a à celui de C, il y a pleine mer pour chacun des lieux situés entre ces deux points au moment où la lune arrive à son méridien. Au bout de ce temps il y a haute mer en c et d et basse mer en a et b.

146. Le soleil doit exercer sur la mer une action semblable à celle de la lune. Sa masse est beaucoup plus considérable; mais comme il est à une distance bien plus grande de la terre, la force avec laquelle le soleil tend à soulever les eaux de la mer est réduite à tel point qu'elle n'est guère que la moitié de celle de la lune. Ainsi les marées solaires n'atteignent que la moitié des marées lunaires. A l'époque de la nouvelle lune et de la pleine lune, les deux astres sont ensemble dans le méridien et s'accordent à produire pleine mer au même lieu. Au 1ᵉʳ quartier et au dernier quartier la lune produit pleine mer dans les lieux dont elle traverse le méridien, tandis qu'au même instant le soleil y produit basse mer, la pleine mer observée en ces lieux au moment d'une quadrature n'est due qu'à l'excès de l'action supérieure de la lune sur celle du soleil. C'est pour cette raison que les marées des syzygies sont plus grandes et celles des quadratures plus faibles.

147. On a encore observé que la hauteur des marées varie avec la position du soleil et de la lune par rapport à l'équateur. De deux pleines mers se produisant à la syzygie quand le soleil et la lune sont à leur plus petite distance de la terre, la plus grande aura lieu quand les deux astres sont dans l'équateur ou dans le voisinage. En combinant toutes les circonstances qui favorisent l'élévation des eaux de la mer, on voit que les plus hautes marées de l'année doivent arriver à une syzygie voisine de l'équinoxe, c'est à dire dans les mois de mars et de septembre.

148. Les marées sont nulles dans les mers de peu d'étendue comme la mer Caspienne, la Mer Noire, et même la Méditerranée; car tous les points de leur surface sont à peu près également attirés par la lune. Celles qu'on pourrait y observer sont

presque insensibles; elles proviennent du mouvement oscillatoire des marées de l'Océan qui s'y propage à travers le détroit resserré de Gibraltar. Si le passage qui fait communiquer avec l'Océan une mer plus ou moins circonscrite est assez vaste, les flots soulevés par l'attraction de la lune à une certaine distance de la côte, s'avancent peu à peu, pénètrent par cette ouverture et n'arrivent à la côte qu'au bout d'un certain temps. Il s'ensuit que le moment de la pleine mer sur les côtes ne coïncide pas avec l'instant du passage de la lune au méridien. L'observation a appris que pour les côtes de France ce retard est de 36 heures.

De plus ce mouvement des eaux peut rencontrer plus ou moins d'obstacles pour arriver dans un port, soit à cause d'une entrée plus ou moins étroite, soit des rochers qui l'avoisinent, soit de la configuration des côtes. Aussi l'heure de la pleine mer n'est-elle pas en général la même dans deux ports situés sur le même méridien. On nomme établissement du port le temps écoulé entre le moment du passage de la lune au méridien du port et celui de la pleine mer qui suit ce passage.

Dans une mer resserrée entre des côtes rapprochées comme la Manche, les eaux qui arrivent de l'Océan se répandent sur une moins grande étendue, les marées doivent y arriver à une plus grande hauteur que dans le golfe de Biscaye. En effet à Bayonne la différence entre la plus petite basse mer et la pleine mer la plus grande est de $2^m,80$; dans le bassin d'Arcachon de 4 mètres ; à Boulogne presque de 8 mètres. L'endroit où elle est la plus considérable est Granville (Manche); elle y est de 12 mètres.

On peut calculer d'avance les hauteurs qu'atteindront les marées dans tel et tel lieu aux diverses époques de l'année. Mais elles peuvent être contrariées ou favorisées par le vent, suivant qu'il souffle à l'opposé de la marche du flot ou dans le même sens.

127.

Conclusion.

En terminant cette étude élémentaire du monde céleste, jetons un regard sur le vaste tableau qu'il nous présente. La terre qui paraît si grande quand nous voulons la parcourir, n'est qu'une petite planète qui ne tient pas le 1er rang parmi celles que le soleil fait tourner autour de lui en les maintenant invariablement par son attraction dans leur orbite. Cet astre les surpasse considérablement par sa masse et son volume. Le système solaire, c'est-à-dire l'ensemble des planètes qui obéissent à cet astre a des dimensions qui nous étonnent, si l'on pense que Neptune est à une distance de plus de 1200 millions de lieues. Cependant ces dimensions sont bien faibles quand on les compare aux distances des étoiles. Nous ne pouvons pas exposer ici comment on a pu les mesurer pour quelques unes d'entre elles; nous avons déjà dit que les moins éloignées qu'on connaisse sont séparées de nous par un espace si étendu que la lumière met plus de 3 ans pour arriver à nos yeux, quoiqu'elle parcoure 77000 lieues par seconde. Or au-delà de ces étoiles il y en a d'autres à des distances de plus en plus grandes, sans qu'on puisse raisonnablement assigner une limite à ces mondes disséminés dans un espace infini. Chacune de ces étoiles est un soleil analogue au nôtre; autour d'elles circulent peut-être aussi des groupes de planètes qui en tirent la chaleur et la lumière, et que dans cet éloignement on ne peut guère espérer de découvrir.

Cependant la perfection des méthodes astronomiques et des instruments d'observation est aujourd'hui si grande qu'on est arrivé à des résultats vraiment extraordinaires. On a d'abord reconnu que certaines étoiles ont un mouvement propre, mais si lent qu'on est étonné qu'on ait pu le saisir. Notre soleil lui-même semble posséder un mouvement de translation par lequel il se dirige vers un point du ciel situé dans la constellation d'Hercule. Un célèbre astronome allemand Bessel en examinant le mouvement propre de Sirius y reconnut certaines irrégularités qu'il ne pouvait expliquer que par l'influence de quelque corps invisible situé dans le voisinage de l'étoile et lié à elle par les lois de l'attraction. Cette hypothèse fut bientôt confirmée; un astronome américain découvrit le 31 janvier 1862 ce compagnon de Sirius qui depuis a été revu par d'autres astronomes. On a quelques motifs de croire qu'il en est de même pour l'étoile Procyon de la constellation du Petit-Chien.

Sans entrer dans d'autres considérations qui se présenteraient en foule, arrêtons-nous pour ainsi dire au bord de ces abîmes infinis. Du point sur lequel nous passons notre vie contemplons avec admiration cet univers infini comme Celui qui l'a créé, et élevons notre âme avec une vive reconnaissance vers Dieu qui nous a donné une intelligence capable de découvrir les lois mystérieuses de la création. « Bienheureux, dit Képler, celui qui étudie les cieux : il apprend à faire moins de cas de ce que le monde admire le plus. Les œuvres de Dieu sont pour lui au-dessus de tout, et leur étude leur fournira la vie la plus pure. Père du monde! la créature que tu as daigné élever à la hauteur de ta gloire est comme le roi d'un vaste empire; elle est presque semblable à toi puisqu'elle sait comprendre ta pensée. »

Table des matières.

Chapitre IV. - La lune.

Chapitre V. - Planètes.

Chapitre VI.

www.ingramcontent.com/pod-product-compliance
Lightning Source LLC
Chambersburg PA
CBHW071859200326

41519CB00016B/4453